Wie ist Ihre Familie in Form?

Meine Familie

ADOBE CASLON

Meine Familie

TRADE GOTHIC

MEINE FAMILIE

FRUTIGER NEXT LT

Meine Familie

TIGER RAG LET

Meine Familie

ECKMANN

Meine Familie

TRIXIE

Meine Familie

BASKERVILLE

Wie ist Ihre Familie in Form?
Die Frage gilt natürlich der Schriftfamilie oder den Schriftfamilien, mit denen Sie am PC oder Mac arbeiten oder vielleicht arbeiten wollen.
Der »Wegweiser Schrift« ist dazu da, über die Schriftfamilienverhältnisse, ihre Abstammung, Formdetails, ihre Verwendbarkeit, ihre Empfindlichkeiten, ihre Kommunikationsfähigkeit mit anderen Schriften und ähnliche Fragen zu informieren.

Hans Peter Willberg

Wegweiser Schrift

Was passt – was wirkt – was stört

verlag hermann schmidt

Inhaltsverzeichnis

Verlegervorwort

Früher war die Entscheidung, eine Schrift zu kaufen ein typografischer Staatsakt und eine ernst zu nehmende Investition. Typedesign war wenigen Spezialisten vorbehalten, Schriftsetzer ein Ausbildungsberuf und Typografie eine Wissenschaft für sich.

Dank der Digitalisierung sprießen heute Schriften wie Pilze aus dem Boden, diese Vielfalt bereichert die visuelle Kommunikation und die wiederum ist nicht mehr nur Experten vorbehalten.
Mit der neuen Lust auf Schrift geht allerdings auch die Frage einher, welche Schrift für welchen Zweck sinnvoll ist, und welche Schriftmischungen wie wirken.

Hans Peter Willberg sah diese Entwicklung kommen und gab mit Wegweiser Schrift die Antwort. Weil Schriftinteresse nichts mehr mit Prüfungswissen zu tun hatte, setzte er der DIN-Klassifizierung die Schriften-Matrix Form & Stil entgegen, die heute allgemein anerkannt ist. Weil Kreative die starre Teilung in Serif/Sansserif überwanden, erfand HPW – wie seine Freunde ihn nannten – den Begriff der Schriftsippe. Und weil Schrift vom Leser unbewusst wahrgenommen wird, sensibilisiert Willberg mit Analogien für Stil und Typo-Emotionen.

Seit 16 Jahren und in 30.000 verkauften Exemplaren vertrauen (Quer-)Einsteiger dem Wegweiser, der Titel eroberte einen festen Platz auf Literaturlisten und den Regalen des Handels. Damit diese Erfolgsgeschichte weiter gehen kann, haben wir den Wegweiser sanft modernisiert, neue Schriften ergänzt und alle verwendeten Schriften benannt, ohne jedoch radikal in Willbergs Werk einzugreifen.

In dieser »Umbauphase« wurde der Wegweiser schmerzlich vermisst. Jetzt ist er bereit, Sie mit frischem Schwung durch den Alltag mit Schrift zu begleiten. Als erfahrener Coach. Als Rat-Geber. Als Freund.

Herzlich Karin und
Bertram Schmidt-Friderichs

Dank

Dank für Kritik und
guten Rat an
Prof. Matthias Gubig, Berlin
Otmar Hoefer, Bad Homburg
Prof. Christian Ide, Leipzig
Georg Linzboth, Bratislava
Jürgen Siebert, Berlin
Peter B. Willberg, London

Dank für die kritische Durchsicht des Manuskriptes an
Jutta Schober, Mainz
Christian Seiffen, Eppstein
Indra Kupferschmidt, Weimar
und die Verleger, Karin und
Bertram Schmidt-Friderichs

Besonderen Dank an
Ursula Steinhoff, die aus meinen Schmierskizzen Typografie gemacht und die immer neuen Korrekturen und Änderungen ohne Murren auf sich genommen hat.

HPW

Vorwort des Autors

Kochen Sie so: Tüte auf, Wasser drauf, in die Mikro und fertig. Müssen Neu-Typografen ohne Hinsehen und Nachdenken dem folgen, was ihr Computerprogramm vorgibt? Instant-Typografie.

Wer besser kochen will, muss schon einiges vom Fach verstehen: gut einkaufen, gut vorbereiten, gut zubereiten, gut abschmecken.
Wer Schriften einsetzt, sollte schon etwas von den Zutaten zur Typografie, von Schrift wissen.
Aber wie soll das geschehen? Es gibt ja Tausende von Schriften, da finden sich selbst Fachleute nicht mehr zurecht.

Man muss nicht alle Schriften kennen oder gar nennen können. Kenntnis der Schriften ist eines, Verständnis für Schrift ein anderes. Dazu soll der Wegweiser Schrift beitragen. Ganz ohne Ihre Mitarbeit wird das nicht gehen, aber ich habe versucht,
die Materie, die ich so liebe – eben die Schrift – ohne kunsthistorische Voraussetzungen (wer kann sich schon unter »Venezianische Renaissance-antiqua« etwas vorstellen?) und möglichst ohne Fachbegriffe (wie z. B. »Geneigte Schattenachse«) zu vermitteln.

Ganz ohne Fachbegriffe geht es aber doch nicht. Sie werden auf den Seiten 101 bis 103 erklärt. Wenn Ihnen eine Definition fehlt, schreiben Sie bitte an den Verlag.

Bei der Überlegung, wie ich die historischen Begriffe ersetzen könnte, kam mir der Gedanke, die Schrift-Stile »dynamisch« und »statisch« zu nennen. Bald nach diesem Entschluss las ich, dass André Gürtler und Christian Mengelt dieses Begriffspaar bereits Ende der 80er Jahre vorgeschlagen hatten. Das bestätigt meine Bemühungen um verständliche Bezeichnungen.

Bei der Auswahl der Beispielschriften habe ich mich bemüht, vor allem gängige, leicht erreichbare Schriften einzusetzen, in erster Linie solche, die beim Erwerb eines PC oder Mac im System enthalten sind. Das war nicht immer möglich. Einige typische Schriften sind zur Zeit schwer oder gar nicht zu beschaffen, andere zu teuer für den Hausgebrauch.
Es geht mir ja nicht um einen Katalog zum Schrifterwerb, sondern um typische Beispiele.

»Wegweiser Schrift« ist kein Lernprogramm: »Du musst zuerst dieses verstanden haben, damit du jenes verstehen kannst.« Der Zugang zur Beschäftigung mit Schrift kann ebenso blätternd wie studierend geöffnet werden.

»Wegweiser Schrift« erhebt keinen wissenschaftlichen Anspruch, auch mit der »Matrix« (Seite 78/79) nicht. Ich habe mich aber natürlich dennoch um sachliche Korrektheit bemüht. Meine Auffassung weicht dabei vom Standard-Lehrbuchwissen ab. Zum Vergleich ist deshalb die noch gültige (aber meines Erachtens überholte) DIN-Klassifizierung der Schrift zitiert (Seite 80/81). Wer das nicht, zum Beispiel wegen einer Prüfung, beherrschen muss, sollte diese Seiten getrost überschlagen.

Hinweise auf bestimmte PC- oder Mac-Programme wurden bewusst vermieden. Das Thema ist: Wie sehen Schriften aus, wie unterscheiden sie sich voneinander, wie funktionieren sie?, und nicht: »Wie komme ich mit meinem derzeitigen PC-Programm zurecht?«.

Meine Hinweise zielen auf eine möglichst sichere Basis beim Umgang mit Schrift, nicht aber auf typografisches Risiko. Virtuose Grafik-Designer und Typografen können sich manches erlauben, wovor hier gewarnt wird – vor allem in den Kapiteln »Schrift Lesen« und »Schriften Wählen, Schriften Mischen«. Typografische Haute Cuisine ist nicht mein Ziel.

Mein Ziel ist es vielmehr zu zeigen, mit welch schöner Materie wir umgehen, wenn wir Texte und Schriften bewusst zueinander bringen.

Hans Peter Willberg

Die Sprache der Form

Ristorante, Pizzeria
im Landgasthof
„ZUM TAUNUS BY RICCI“

PIZZA®
Der Lieferservice

Anruf genügt - Wir liefern frei Haus
Pizza - Service

Anruf genügt – Wir liefern frei Haus
Pizza-Service

Avanti
Pizzeria & Schnellimbiss

Bistro - Pizzeria
Billard - Cafe

PIZZERIA
Treue - Bonus
Firenze

FISCHBACHTAL
RISTORANTE & PIZZERIA

PIZZERIA
BACCO
TO GO-SERVICE OHNE LIEFERGEBÜHR!

Pizzeria
Bacco TO GO
Lieferservice ohne Gebühr!

Pizzeria Gran Salerno TO GO

Die Sprache der Form

Auf der linken Seite sind die Schriften einiger Pizza-Lieferdienste abgebildet (z. T. verkleinert). Es ist spürbar, dass die eine oder andere dieser Schriften bewusst gewählt wurde. Zwei sind sogar von Fachleuten gestaltet, andere mit mehr oder weniger Aufwand selbst gebastelt und wieder andere irgendwie abgesetzt.
Offenbar sind sich alle Pizzeria-Betreiber darüber im Klaren, dass die Schriftwahl das Image ihres Betriebes unterstützt. Genau wie die bewusste Schriftwahl etwa der Dresdner Bank oder der Jahreszahl der Frankfurter Sparkasse von 1822.

Auf dieser Seite ist der Name einer fiktiven Pizzeria in verschiedenen Schriften gesetzt zu sehen.

Bei wem würden Sie Ihre Pizza bestellen?
Oder, falls Sie eine Pizzeria betreiben sollten: welche Schrift würden Sie für Ihr Haus wählen?

Eine derartige Entscheidung fällen wir zunächst »aus dem Bauch«. In einem »Wegweiser Schrift« soll aber angeregt werden, darüber nachzudenken, *warum* z. B. eine bestimmte Pizza-Schrift-Wahl getroffen wird und *wie* eine Schrift eingesetzt werden sollte.

Pizza-Express-Liefer-Service

BIFFO STD

Pizza-Express-Liefer-Service

ORBIT-B

Pizza-Express-Liefer-Service

BRANDON GROTESQUE

Pizza-Express-Liefer-Service

LAZYBONES

Pizza-Express-Liefer-Service

LOVE POTION

Pizza-Express-Liefer-Service

OLD ENGLISH

PIZZA-EXPRESS-LIEFER-SERVICE

TRIXIE

Pizza-Express-Liefer-Service

REKLAME SCRIPT

PIZZA-EXPRESS-LIEFER-SERVICE

SHELTON SLAB

Pizza-Express-Liefer-Service

SUBWAY NEWYORK

Die Sprache der Form

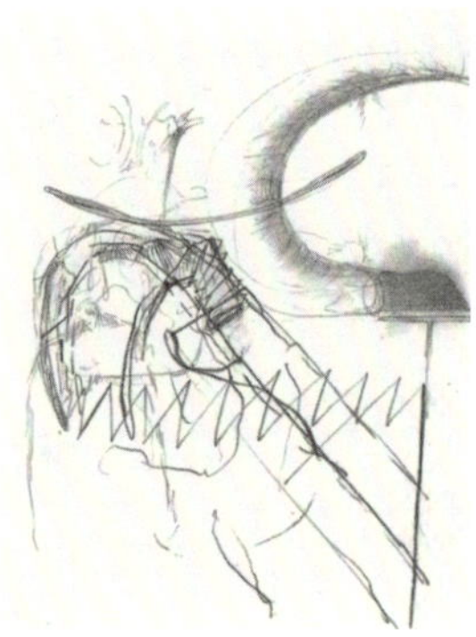

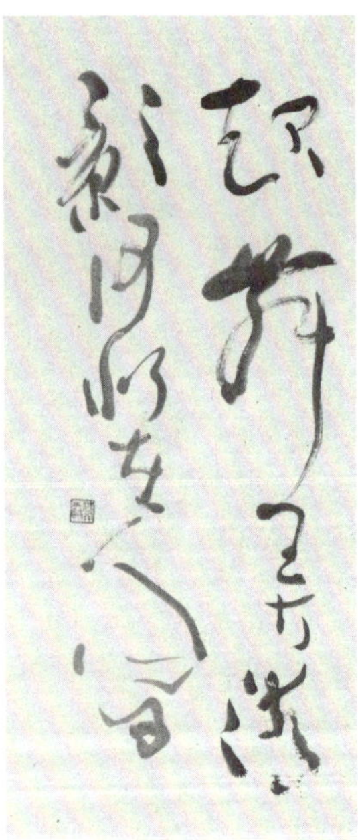

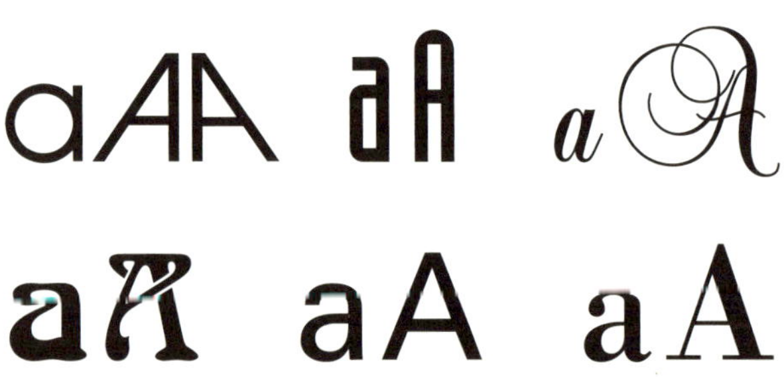

Formen sprechen

Harte, weiche, fließende, stockende, komplizierte oder einfache Gebilde nehmen wir nicht nur formal wahr, sondern auch emotional. Darauf beruht die Wirkung der ungegenständlichen Kunst (von der Farbe einmal abgesehen). Es sind nicht Assoziationen, Erinnerungen an Gesehenes und Erlebtes allein, was die Wirkung ausmacht, es ist vor allem die Form.

Die Form wird bei Zeichen und Symbolen bewusst zum Zweck der Wirkung eingesetzt. Das Blitzzeichen muss nicht gelesen werden: »Ein Blitz! Aha, da muss was gefährlich sein!« Seine verletzende Form warnt auch ohne unsere Reflexion.

Die konzentrierte Wirkung des zweiten Zeichens hängt nicht davon ab, dass ich gelernt habe, es symbolisiere den Nabel Buddhas, das Zentrum allen Lebens. Das Zeichen spricht für sich, durch seine Form.

Schrift ist Form

Ihre »Sprache« wirkt auf uns, ob wir sie lesen können oder nicht. Jedermann kann spüren, wes Geistes diese chinesischen Gedichte (oder ihre Schreiber) sind.

Auch die Form unserer Gebrauchsschriften spricht. Sie wirkt emotional, ob es uns bewusst wird oder nicht. Manche Schriften stellen ihre Ausstrahlung deutlich, gar überdeutlich zur Schau. Andere treten ganz verhalten und scheinbar rein sachlich auf, als ob Schrift nur zum Lesen da sei. Doch spricht auch ihre Form immer mit.

Schrift ist nicht nur zum Lesen da.

Kollektives Schriftgedächtnis

Eine Schrift wirkt nicht nur – wie auf den Seiten zuvor dargestellt – durch die »Sprache« ihrer Form, sondern auch durch das, was sie erlebt hat, wozu sie in Dienst genommen wurde, was an ihr kleben geblieben ist.

Solche Schriften sind besetzt, wir können sie nicht mehr unbefangen erleben.
Dabei ist es wiederum kein Zufall, was an einer Schrift kleben bleiben kann und mit ihr in unser Schrift-Unterbewusstsein eingraviert wird.

Am Beispiel der »Fraktur«* ist das am besten zu verdeutlichen. Für Leute mit Traditionsbewusstsein ist das die Schrift der Gotik und der Reformation; für Deutsche der älteren Generation ist sie durch Missbrauch zur Nazi-Schrift geworden; für unsere Nachbarn ist sie die Schrift der deutschen Besatzer; für die Jüngeren die Schrift der rechten, gewalttätigen Neo-Nazi-Szene; für die Amerikaner eine unbelastete historische Schrift mit ungewohnten Formen und für die Japaner eine der Schriften des Westens unter anderen, alle gleich schwer zu lesen. Und für alle der Inbegriff bodenständiger deutscher Gemütlichkeit.

Die meisten dieser Assoziationen gehen nicht von der Form dieser Schriftart aus, sondern von dem, was sich irgendwann mit ihr verknüpft hat.

Auf welchem Boden stehen wir?

Verkörpert eine dieser Schriften Ihr Verständnis unseres Grundgesetzes? Wenn Sie ein paar Stichworte notieren, können Sie vergleichen, ob Ihre Empfindungen mit den meinen, die ich auf der nächsten Seite formuliert habe, übereinstimmen. Vielleicht gibt es so etwas wie ein kollektives Schriftgedächtnis.

Grundgesetz

TIMES TEN

Grundgesetz

OPTIMA

GRUNDGESETZ

THESANS

GRUNDGESETZ

PLAYBILL

Grundgesetz

KÜNSTLER SCRIPT

Grundgeſetz

FETTE FRAKTUR

Grundgesetz

MINI PIXEL

Grundgesetz

LOVE POTION

Grundgesetz

ANDALE MONO

** Der Begriff wird hier grob vereinfacht benutzt; die Gruppe der gebrochenen Schriften umfasst viele verschiedene Schriften, darunter die Fraktur, siehe Seite 76.*

Kollektives Schriftgedächtnis

a) **Geldbußen** und ähnliche Rechtsnachteile aus der Anwei
i. V. m. R 24 EStR (§ 8 Abs. 1 KStG i. V. m. Abschn. 27
b) **Geldstrafen** und ähnliche Rechtsnachteile aus § 10 Nr. 3

Grundgesetz TIMES

Das ist wohl ein Gesetz der Juristen, von Bürokraten für Bürokraten. Nicht unbedingt ein Maßstab für die demokratische Gesellschaft, sondern eher eine Vorschriftensammlung.

Mit der Times, der Zeitungsschrift, verbinde ich sachliche Information, etwas trocken vielleicht, aber zuverlässig. Sie ist allerdings so oft gebraucht worden, dass sie etwas verbraucht wirkt. Aber sie ist nicht kaputtzukriegen.

Beautify

Grundgesetz OPTIMA

Dieses Gesetz haben ältere Herren mit höflichen Umgangsformen gemacht, in Maßanzüge gekleidet, traditionsbewusst und doch bemüht, für die neuen Zeiten und ihre Entwicklungen offen zu sein. Schier zu schön für Verfassungsjuristerei.

Eine Schrift der 60er Jahre, formvollendet ausgewogen, gepflegt und pflegeleicht. Kein Wunder, dass die Agentur-Designer in aller Welt sie mit Vorliebe für Kosmetik-Werbung einsetzen. Danach duftet sie nunmehr.

Servicenummern
der Deutschen Bahn

GRUNDGESETZ HELVETICA

Ist dies Gesetz für Menschen gemacht? Die Schrift ist die personifizierte Unpersönlichkeit, kühl bis ans Herz hinan. Da gibt es keine Anbiederung. Aber sie ist sachlich und korrekt und allgemein gültig.

Die Helvetica hat die typografische Landschaft der 60er Jahre geprägt. Das hat umgekehrt die Helvetica geprägt, sie ist historisch geworden. Allerdings hat sie in unseren Tagen bei Bahn und Post und andernorts neue Aktualität gewonnen.

MOST WANTED

GRUNDGESETZ COWBOYSLANG

War der »American Way of Life«, so, wie er sich im Film und im Vorurteil darstellt, das Vorbild unseres Grundgesetzes?

Solche Schriften, sie werden bei uns »Italienne« genannt, kamen zur gleichen Zeit in Mode, als die amerikanischen Siedler nach Westen zogen. Sie geriet auf die Jeans-Aufnäher und die Steckbriefe und ist so auf Dauer besetzt.

Aus unseren exclusiven Damen- un
Herrenkollektionen haben wir Einze

Grundgesetz KÜNSTLER SCRIPT

Ein Gesetz für eine Elite. Distinguiert, teure Autos, aufs Feinste dinierend. Von den Leuten durch dicke Glasscheiben mit durchscheinenden Stores getrennt. Korrekt, aber unnahbar.

Das war einmal eine ganz normale Handschrift für die ganz normale Korrespondenz, die durch ein neues Werkzeug, die spitze Stahlfeder, entstand. Sie hat sich – am liebsten im Stahlstich und Prägedruck – für elitäre Zwecke gebrauchen lassen. Jetzt ist sie auf den Briefbogen von Aufsichtsratsvorsitzenden zu finden.

Germania

Grundgesetz FETTE FRAKTUR

An welche Epoche will das Grundgesetz anknüpfen? Doch nicht an die Nazi-Zeit! An Weimar auch nicht. Etwa an Kaisers Zeiten? Oder an die »Paulskirche«? Das wäre immerhin ein Mehr-Demokratie-Wagnis, doch gar zu zurückgewandt.

Die gebrochenen Schriften sind gleich mehrfach besetzt oder belastet – auf der Seite zuvor wurde das angedeutet. Schade, denn es gibt Schriften mit aufregend interessanten Formen in dieser Gruppe.

Schrift kommt von Schreiben

Schrift kommt von Schreiben. Unsere Druckschriften (die korrekt als »Satzschriften« bezeichnet werden müssten) wurden früher mit dem Stichel in Metall geschnitten und dann gegossen, später gezeichnet und fotografiert, heute werden sie mittels Computerprogrammen erarbeitet. Aber ihre Grundformen sind durch Schreibwerkzeuge entstanden. Das kann man ihnen noch heute ansehen. Solange »Schriftschreiben« noch zum Schulunterricht gehörte, konnte man das ausprobieren, heute könnte man das ausprobieren, sonst muss man sich das zur Not im Kopf vorstellen.

Hier sind acht Schriften gezeigt und neun Werkzeuge skizziert.
Welches Schreibgerät hat die Ausgangsformen welcher Schrift geprägt?

Auf der nächsten Seite wird gezeigt, was für Striche die Werkzeuge ergeben. Davon hängt die Grundform der Schriften ab. Die Feinheiten, wie zum Beispiel die Serifen, wurden dabei nicht berücksichtigt.
Die Schriftschneider aller Zeiten haben nur selten die reine Wirkung geschriebener Schriften angestrebt, sondern differenzierte Umformungen vorgenommen.
Dennoch: Die Grundform unserer Buchstaben kommt vom Schreiben.

nahger

1

NAHGR

2

nahger

3

nahger

4

nahger

5

nahger

6

nahger

7

nahger

8

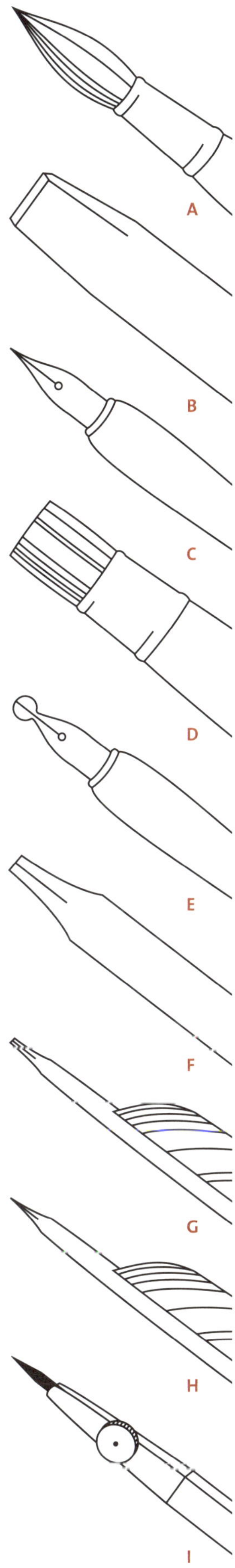

Schrift kommt von Schreiben

»Die Mutter unserer Schriften«, die römische »Capitalis Monumentalis« wurde mit dem Flachpinsel auf den Stein geschrieben – daraus ergibt sich das Dick-Dünn der Strichstärken – und dann kunstvoll mit dem Meißel geschlagen.

Die Breitfeder (Rohrfeder aus Bambus oder Schilfrohr, später Gänsekiel) bestimmt bei gleichbleibender Federhaltung die Strichstärken und damit die Form der Buchstaben.

Durch Drehen und Auf-die-Ecke-Stellen lässt sich die strenge Führung der Breitfeder überspielen.

Die Spitzfeder (Gänsekiel, später Stahlfeder) kann in jeder Richtung dicke oder dünne Linien und sogar »Schwellzüge« schreiben, je nachdem, wie stark man aufdrückt.

Die Spitzfeder kann auch zum Konturenzeichnen verwendet werden, dann hat sie keinen Einfluss auf die Schriftform.

Der Pinsel erlaubt dem Schreiber, was der will. Ein bewegliches Werkzeug, das zu überraschenden Formen führen kann.

Die Pfannenfeder (Redisfeder) erzeugt runde Strich-Enden, wie bei Würstchen. Entscheidend: Die Striche sind in allen Schreib-Richtungen gleich dick.

Konstruktion mit Zirkel und Lineal. Hier kommt Schrift nicht von Schreiben.

Ist das erlaubt?

Dass bei den Buchstaben **A** oder **V**, **W** oder **M** die Schräge von links oben nach rechts unten **** dicker ist als die von rechts oben nach links unten /, das kommt, wie auf der linken Seite dargestellt, vom Schreiben mit der Breitfeder oder dem Flachpinsel.

Selbst in den Groteskschriften mit ihren scheinbar gleich starken Strichen steckt dieses Prinzip: **A N**

Entsprechendes gilt für alle Buchstaben.
Welches der Beispiele dieser Seite ist demnach *falsch*?

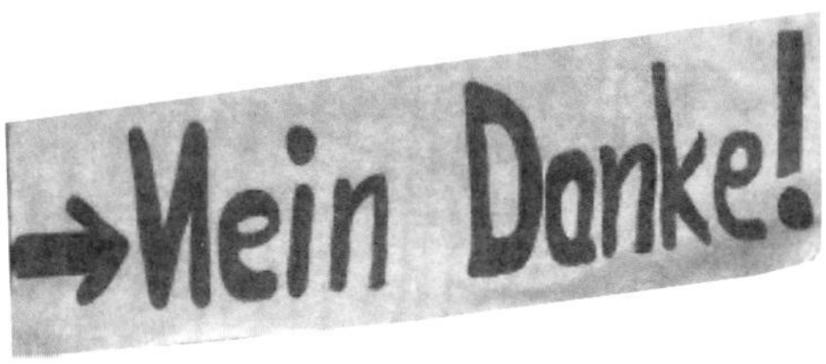

Ist das erlaubt?

Alle Beispiele sind unter dem Gesichtspunkt des Schreibens »falsch«. Jedoch aus verschiedenen Gründen.

Die Schöpfer solcher Schriften sind gewissermaßen im Stande der Unschuld. Sie malen die Buchstaben wie Kinder Strichmännchen zeichnen. Das hat den Charme des Naiven.

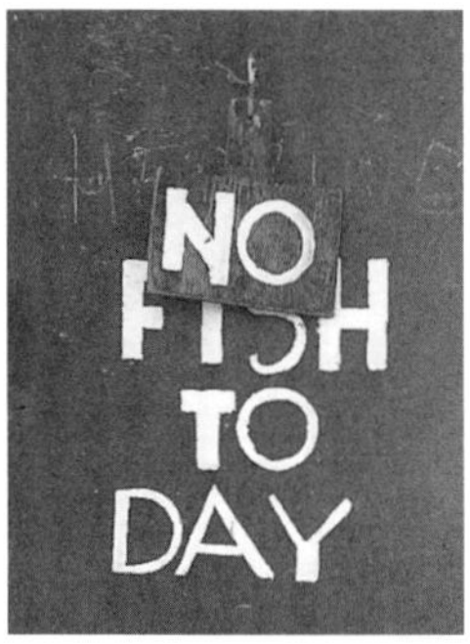

Eher **peinlich** wird es, wenn angebliche Fachleute mit Schrift umgehen und es falsch machen, sogar mit vorgefertigten Buchstaben, ein N auf den Kopf zu stellen, ein A oder M seitenverkehrt anbringen. (Oder sollte das eine bewusste Irritation sein? Das würde eine große Schriftkenntnis der Passanten voraussetzen.)

Ist so etwas **erlaubt**? Die kunterbunte Mischung von Klein- und Großbuchstaben? In diesem Fall ja. Es ist illustrativ gemeint: Für einen Musiker, der musikalische Tabus bricht, dürfen typografische Tabus gebrochen werden.

Das war wohl als Provokation gemeint, bewusst »falsch«, um anders zu sein und aufzufallen – ein verkehrtes v, ein i, das nicht passt, Klein- und Großbuchstaben gemischt, entstellte Buchstaben. Was bisher galt, darf nicht mehr gelten, das scheint die – modische – Botschaft zu sein.

abcdefghijklmnopqrstuvwxyz
ABCDEFGHIJKLMNOPQRSTUVWXYZ

Es gibt sogar Satzschriften, die nach diesem Denkmodell gestaltet sind. Sie hatten in den achtziger Jahren den Reiz des Neuen. Man sollte sie den Magazin-Designern überlassen.

abcdefghijklmnopqrstuvwxyz
ABCDEFGHIJKLMNOPQRSTUVWXYZ

Eine auf den ersten Blick ähnlich wirkende Schrift. Doch die Formbildung des Alphabets aus dem Jahre 1890 steht in der Tradition der Jahrhunderte. Hier kommt Schrift noch von Schreiben.

Wie alt ist diese Schrift?

CAFÉ

Sie ist fast 2000 Jahre alt. Und dennoch kann eine heutige Firma sie unverändert für ihre Werbung einsetzen.

Schätzen Sie, wie alt die folgenden Schriften sind. Die Aufklärung folgt auf der nächsten Seite.

Garamond Dies ist ein Blindtext. An ihm lässt sich vieles ablesen über die Schrift, in der er gesetzt ist. Auf den ersten Blick wird der Grauwert der Schriftfläche sichtbar. Dann kann man prüfen, wie gut die Schrift zu lesen ist.

Minion Dies ist ein Blindtext. An ihm lässt sich vieles ablesen über die Schrift, in der er gesetzt ist. Auf den ersten Blick wird der Grauwert der Schriftfläche sichtbar. Dann kann man prüfen, wie gut die Schrift zu lesen ist.

Times Dies ist ein Blindtext. An ihm lässt sich vieles ablesen über die Schrift, in der er gesetzt ist. Auf den ersten Blick wird der Grauwert der Schriftfläche sichtbar. Dann kann man prüfen, wie gut die Schrift zu lesen ist.

Akzidenz-Grotesk Dies ist ein Blindtext. An ihm lässt sich vieles ablesen über die Schrift, in der er gesetzt ist. Auf den ersten Blick wird der Grauwert der Schriftfläche sichtbar. Dann kann man prüfen, wie gut die Schrift zu lesen ist.

TheSans Dies ist ein Blindtext. An ihm lässt sich vieles ablesen über die Schrift, in der er gesetzt ist. Auf den ersten Blick wird der Grauwert der Schriftfläche sichtbar. Dann kann man prüfen, wie gut die Schrift zu lesen ist.

Franziska Dies ist ein Blindtext. An ihm lässt sich vieles ablesen über die Schrift, in der er gesetzt ist. Auf den ersten Blick wird der Grauwert der Schriftfläche sichtbar. Dann kann man prüfen, wie gut die Schrift zu lesen ist.

Wie alt ist diese Schrift?

Garamond
1532

Die Garamond (von Claude Garamond) ist uralt.
Ihr Geburtsjahr ist 1532, ihr Geburtsort Paris. Möchten Sie in einem so alten Haus wohnen?
Mit alten Schriften gehen wir um, als ob sie von heute wären. Die Garamond wird seit vielen Generationen von unzähligen Typografen eingesetzt. Nirgendwo ist uns die Geschichte so selbstverständlich gegenwärtig wie bei Schrift. Allerdings musste das alte Haus hin und wieder renoviert, das heißt den jeweils neuesten Satztechniken angepasst werden. Man hat ihr nachträglich einen halbfetten Schnitt und eine halbfette Kursive verpasst, die Proportionen verändert, den Kopf des Garamond-f eingezogen und später wieder ausschwingen lassen. Das alles ist ihr mehr oder weniger gut bekommen. Heute, muss man recht behutsam mit ihr umgehen, in manchen Schnitten wirkt sie krank und magersüchtig, in anderen Schnitten solide wie eh.

Minion
1990

Die Minion (von Robert Slimbach) sieht für normale Schrift-Verbraucher ganz ähnlich aus wie die gute alte Garamond. Sie ist aber recht jung, 1990 ist sie erschienen. Es gibt viele neue Schriften, die ihren bewährten historischen Vorbildern zu gleichen scheinen. Warum dann neue Schriften? Weil man dann nichts renovieren muss. Man kann sie von vornherein den neuen Satztechniken und den Anforderungen der heutigen Typografie anpassen. Die Frage ist nicht, wie alt oder neu eine Schrift ist, sondern wie gut sie ihren Zweck erfüllt – im Fall der Garamond und der Minion heißt das einerseits, wie gut sie im Mengensatz lesbar ist (sogar bei schlechter Typografie), andererseits kann es aber auch die Aufgabe für eine neue Schrift sein, trotz aller Ähnlichkeit frisch und unverbraucht zu wirken.

Times
1931

Die Times (von Stanley Morison) ist auch nicht mehr die Jüngste. Viele von uns lesen sie täglich, sie war wohl die am meisten verbreitete Gebrauchsschrift des 20. Jahrhunderts. Sie wurde 1931 als Zeitungsschrift (eben für die Times) unter dem Namen »Times New Roman« herausgebracht und hat als Schrift für Lexika und wissenschaftliche Bücher jegliche Konkurrenz ausgeschaltet, aber auch für Schul- und Sachbücher den Markt erobert. Die Times ist das beste Beispiel dafür, wie eine Schrift für einen speziellen Zweck entworfen wird, sich bewährt und ausbreitet. Doch Achtung! Es gibt von der Times viele verschiedene Schnitte von recht unterschiedlicher Qualität.

Akzidenz-Grotesk
1896

Die Akzidenz-Grotesk (AG) ist vierzig Jahre älter als die Times und hundert Jahre älter als die Minion. Sie ist der erste Vertreter einer Schrift-Gattung, die zur Schrift des 20. Jahrhunderts geworden ist: Grotesk-Schriften haben keine »Serifen«, keine Füßchen. Das war eine Kühnheit sondergleichen in der Schriftgeschichte. Natürlich gab es im 19. Jahrhundert schon gelegentlich serifenlose Schriften, aber die AG ist die erste verbreitete Satzschrift-Grotesk. Sie musste im Lauf der Jahrhunderte viele Veränderungen und Erweiterungen über sich ergehen lassen und vielen Konkurrenten und Nachfolgern standhalten. Zunächst wurden Grotesk-Schriften für Überschriften, Anzeigen, Handzettel u. Ä. eingesetzt (»Akzidenzen«), nicht aber für Lesetexte. Inzwischen lesen wir Grotesk-Schriften ganz selbstverständlich und merken gar nicht, ob eine Schrift Serifen hat oder nicht.

TheSans
1994

Eine in jeder Situation gut lesbare Grotesk ist die TheSans (von Lucas de Groot), hundert Jahre jünger als die AG. Wir sehen sie täglich, auch wenn wir uns das nicht bewusst machen, nämlich bei der Tagesschau und den Tagesthemen, als Hausschrift der ARD.
Die TheSans sperrt sich nicht, wie die ruppige AG, gegen flüssiges Lesen, sie vereinigt die Lesbarkeits-Tugenden der bewährten Antiqua-Schriften mit einer unglaublichen Differenziertheit und mit der Robustheit der alten Grotesk-Schriften. Die Texte, die Sie soeben gelesen haben, sind in der TheSans gesetzt.

Franziska
2014

Die neuen Schriftbearbeitungsprogramme haben in den letzten Jahren zu einem Boom neuer Schriften geführt. Beispielhaft dafür steht die 2009 bis 2016 entwickelte Franziska von Jakob Runge. Sie ist ein gut lesbarer Zwitter, halb Antiqua, halb Egyptienne. Sie zeigt interessante Charakteristika in großen Punktgraden, die aber vom Auge des Lesers in kleinen Graden abgerundet werden. In der Grundstruktur eine Renaissanceschrift, hat sie ihren dynamischen Unterbau mit statischen, klassizistischen Elementen vereinigt. Die große x-Höhe erlaubt eine gute Darstellung in kleinen Punktgrößen im Druck- wie auch Bildschirmraster.
Fein abgestimmte Fettegrade, Kapitälchen, Sonderzeichen und Akzente für viele weltweite Schriftsysteme machen diese neuen Schriften zu vielfältig einsetzbaren modernen Fontfamilien.

Entstehung der Schriftformen

Wie hat das **a** seine Form gefunden?
Es war einmal ein Stierkopf, genauer: das Kürzel für die Zeichnung eines Stierkopfes und ist heute das abstrakte Zeichen für einen bestimmten Laut. Die Formveränderung hat sich kontinuierlich im Lauf der Jahrtausende ergeben. »Neue« Schriften sind nicht plötzlich als »Form-Erfindung« auf die Welt gekommen, sie haben sich vielmehr allmählich entwickelt.

Als eine entscheidende Veränderung könnte man den Schritt zur Kombination der Majuskelschrift (Großbuchstaben) mit der Minuskelschrift (Kleinbuchstaben) ansehen.

Warum hat das kleine **t** eine so kurze Oberlänge, im Gegensatz zu seinen Geschwistern **d** oder **l**? Weil beim Schreiben des **t** die Form des **T** in Erinnerung geblieben ist.

Warum gibt es beim **W** so verschiedene Formen?
Weil es nicht *ein* Buchstabe ist (im römischen Alphabet gibt es kein W), sondern aus zwei V besteht, die auf verschiedene Weise miteinander verbunden werden können.

1. Jh. v. Chr. — um 900 — um 1000 — um 1400 — um 1590

1655 — 1830 — 1900 — 1929 — 1934

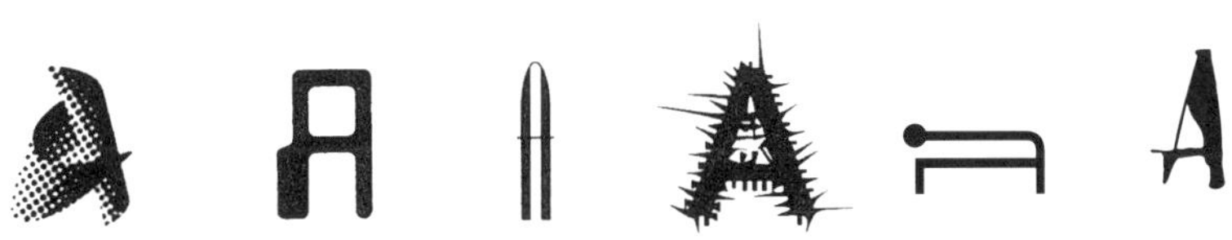

1959 — 1966 — 1985 — 1995 — 2000 — 2001

2005 — 2006 — 2009 — 2013 — 2015 — 2016

Auf der Schrift-Übersicht der folgenden Seite fehlt eine Art von Schriften völlig, die es zu allen Zeiten gab: die »Zeitgeist-Schriften«. Es ist nicht ihre Aufgabe, gut lesbar zu sein, sondern schön zu sein. Es sind Künstler-Schriften, Form-Spiele, Buchstaben-Individualisten, die den Geist ihrer Zeit verkörpern. Sie dienen dem Schmuckbedürfnis oder dem Wunsch aufzufallen, heute wie vor tausend Jahren.

Die Lebensdauer unserer Schriften

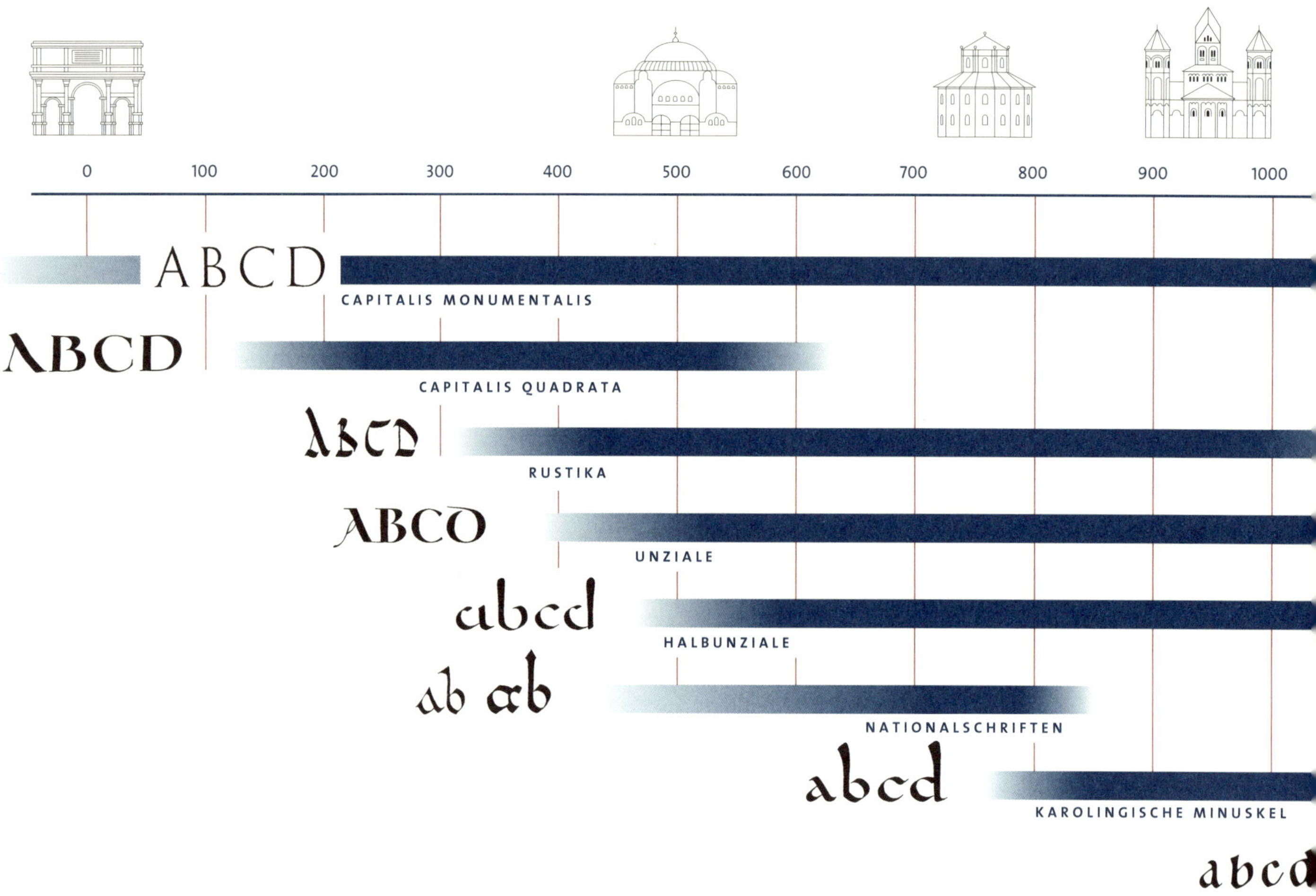

Diese Übersicht veranschaulicht die Entwicklung der lateinischen Schriften. Natürlich ist auch die Mutter unserer Alphabete, die »Capitalis Monumentalis«, (die Schrift auf den römischen Monumenten) mit der die Genealogie beginnt, nicht fertig vom Himmel gefallen, sondern hat Vorfahren und eine lange Reifezeit hinter sich, bis zu ihrer idealen Ausformung. Sie ist – für mich grenzt das ans Wunderbare – bis heute unverändert gültig. Man könnte ohne weiteres Werbung für ein zukunftsträchtiges Finanzinstitut mit dieser zweitausend Jahre alten Schrift machen.

Die Karolingische Minuskel ist der Ausgangspunkt aller unserer Kleinbuchstaben. Sie hat über vierhundert Jahre unangefochten die Schriftlandschaft bestimmt.

Die Übersicht zeigt, wie lange es gedauert hat, bis sich eine neue Schriftform durchgesetzt hat. Sie deutet ihre »Anlaufzeiten«, ihre aktive Lebensdauer und die Zeit ihres Überlebens an. Sie macht auch sichtbar, wie sich die Entwicklung neuer Schriften nach der Erfindung Gutenbergs, dem Ausgangspunkt unseres Umgangs mit Schrift, beschleunigt hat.

Das Schema ist natürlich sehr grob, es gibt viele Zwischenformen und abweichende Details. Auch wurde die Entwicklung der Kursiven und der Schreibschriften nicht mit einbezogen.

Die Schriftgeschichte wird gern mit der Geschichte der Architektur in Bezug gebracht. Das stimmt nur ungefähr. Die Grotesk ist zum Beispiel zur Zeit des Historismus entstanden, aber zur »Schrift ihrer Zeit« ist sie erst im 20. Jahrhundert geworden. Sie entspricht der neuen Sachlichkeit und dem Konstruktivismus, kurz: der Moderne. Oder: »Die Schriften des Barock« ist unzutreffend, das Barock spiegelt sich nicht unbedingt in den Schriften der Zeit. Korrekt wäre: »Schriften zur Zeit des Barock.« Es wäre auch reizvoll, die Kleidung, die Fahrzeuge oder die Musik der Epochen mit der Schrift in Beziehung zu bringen. Doch die Bauten verkörpern den Geist ihrer Zeit in einer Weise, die es erlaubt, sie als Stellvertreter für das gesamte geistige und technische Umfeld ihrer Epochen einzusetzen.

Die Idee für diese Art, das Lebensalter der Schriften darzustellen, hat Gilmar Wendt für die CD-Rom »Schrift-Überblick« entwickelt.

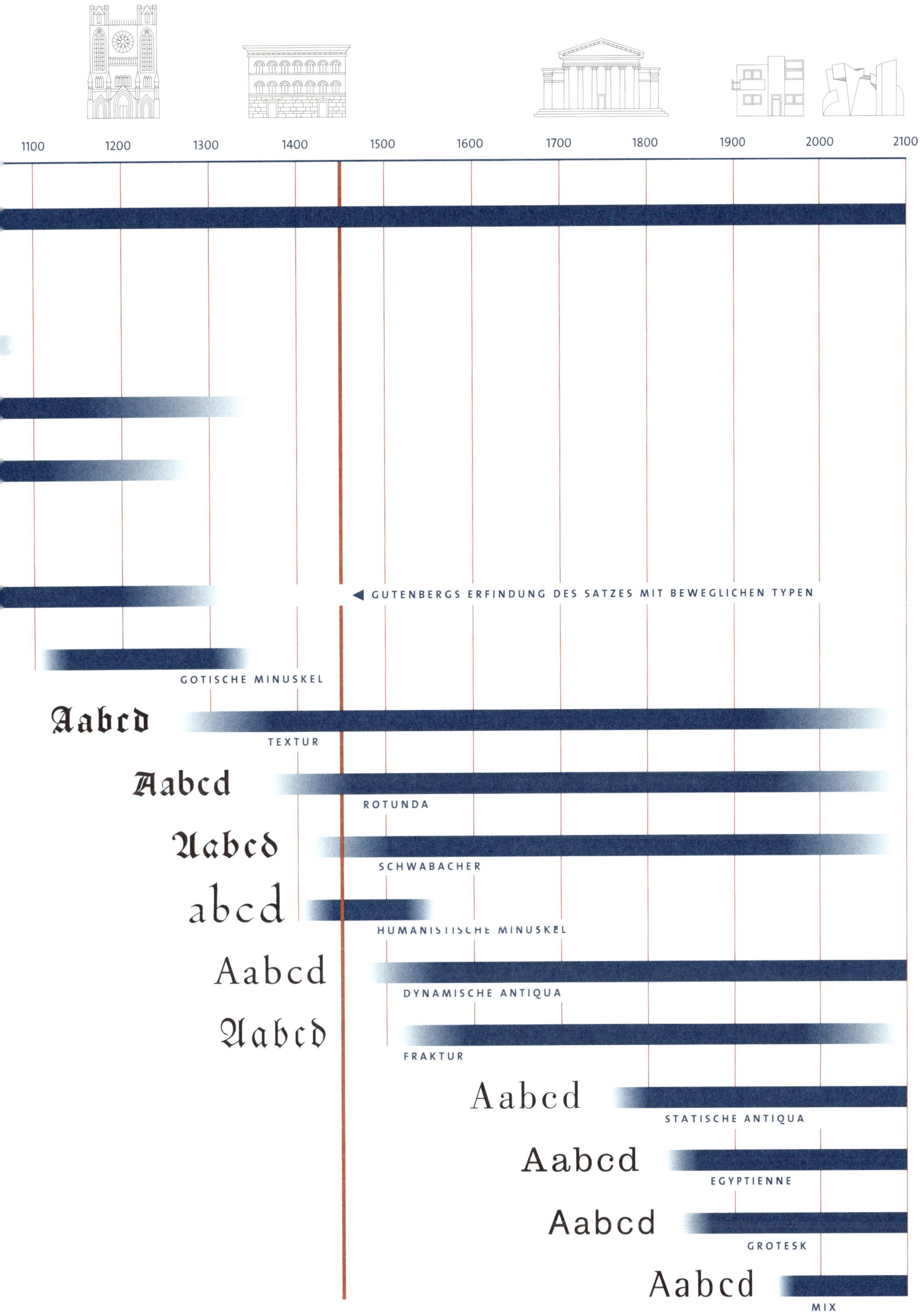

1100
1200
1300
1400
1500
1600
1700
1800
1900
2000
2100
GUTENBERGS ERFINDUNG DES SATZES MIT BEWEGLICHEN TYPEN
GOTISCHE MINUSKEL
Aabcd
TEXTUR
Aabcd
ROTUNDA
Aabcd
SCHWABACHER
abcd
HUMANISTISCHE MINUSKEL
Aabcd
DYNAMISCHE ANTIQUA
Aabcd
FRAKTUR
Aabcd
STATISCHE ANTIQUA
Aabcd
EGYPTIENNE
Aabcd
GROTESK
Aabcd
MIX

Schriftfamilienverhältnisse

O giorno ſenandaua et laer bruno
togleua glianimali che ſono interra
dalle fatiche loro: et io ſolo uno

tione dellhumana generatione et laltre choſe
ligione neſſuno puo andare alla beatitudine E
ſceſti in uita ma alpreſente conoſci. Et forſe e

P rotinus aerii mellis redolentia regna,
H yblæas et apes, aluorum et cærea tecta,
Q uiq; albi flores, examina quæq; legenda
I ndicat, humenteisq; fauos, cœleſtia dona,

audacia, ſcelus anhelantem, pe-
anhelantem, peſtem patriæ nefarie moli-

Reaktion in Frankreich

Familienverhältnisse
Familienverhältnisse
Familienverhältnisse
Familienverhältnisse
Familienverhältnisse
Familienverhältnisse
Familienverhältnisse
Familienverhältnisse
Familienverhältnisse
Familienverhältnisse

Die Satzschriften haben erst nach und nach ihre Verwandten entdeckt.
Die Entwicklung reicht von der Einzelerscheinung bis zur Schrift-Sippe.

Individuen
Am Anfang, beim Beginn der Entwicklung der Satzschriften, wurde jeder Schriftgrad für sich geschnitten. Die verschiedenen Schriftgrade waren stilistisch verwandt, aber individuell ausgeformt. Die Kursive gehörte ursprünglich nicht in die Schriftgrad-Gemeinschaft. Sie war eine Kusine, eine entferntere Verwandte.

Familie
Erst im Lauf des 17. Jahrhunderts fingen die Schriftschneider an, die beiden (die Geradestehende und die Kursive) als Geschwister zu betrachten und gemeinsam zu konzipieren.
Wieder ein entfernter Verwandter: im 19. Jahrhundert tauchen fette Vettern auf. Sie führen ihr lautstarkes typografisches Eigenleben.

Zur klassischen Kleinfamilie gehörten auch noch die Kapitälchen.

ABCDEFG
abcdefghijkl
abcdefghijkl
ABCDEFGHI

Großfamilie
Diese Verwandten werden großzügig in die Familien aufgenommen, wie auch viele andere, neu erscheinende Familienglieder, schmale, breite, ganz dünne – gerade so, wie sie auftauchen, für jeden ist Platz, wenn sie sich nur den guten Formen der Familienbande anpassen.
Eine Art Schrift-WG.

Familienplanung
Adrian Frutiger setzt dem Wildwuchs ein Ende. Er bestimmt von vornherein, wer zur Groß-Familie gehört und wo deren Grenzen sind (Univers, 1957).

Schriftfamilienverhältnisse

TheSans	TheMix	TheSerif	TheAntiquaB
ABCDEFGHIJKL	ABCDEFGHIJKL	ABCDEFGHIJK	
abcdefghijklm	abcdefghijklm	abcdefghijklm	
abcdefghijklm	*abcdefghijklm*	*abcdefghijklm*	
ABCDEFGHIJKLM	ABCDEFGHIJKLM	ABCDEFGHIJKL	
ABCDEFGHIJKL	ABCDEFGHIJKL	ABCDEFGHIJK	ABCDEFGHIJK
abcdefghijklm	abcdefghijklm	abcdefghijklm	abcdefghijklm
abcdefghijklm	*abcdefghijklm*	*abcdefghijklm*	*abcdefghijklm*
ABCDEFGHIJKLM	ABCDEFGHIJKLM	ABCDEFGHIJKL	ABCDEFGHIJKL
ABCDEFGHIJKL	ABCDEFGHIJKL	ABCDEFGHIJK	ABCDEFGHIJK
abcdefghijklm	abcdefghijklm	abcdefghijklm	abcdefghijklm
abcdefghijklm	*abcdefghijklm*	*abcdefghijklm*	*abcdefghijklm*
ABCDEFGHIJKLM	ABCDEFGHIJKLM	ABCDEFGHIJKL	ABCDEFGHIJKL
ABCDEFGHIJKL	ABCDEFGHIJKL	ABCDEFGHIJK	ABCDEFGHIJK
abcdefghijklm	abcdefghijklm	abcdefghijklm	abcdefghijklm
abcdefghijklm	*abcdefghijklm*	*abcdefghijklm*	*abcdefghijklm*
ABCDEFGHIJKLM	ABCDEFGHIJKLM	ABCDEFGHIJKL	ABCDEFGHIJKL
ABCDEFGHIJKL	ABCDEFGHIJKL	ABCDEFGHIJK	ABCDEFGHIJK
abcdefghijklm	abcdefghijklm	abcdefghijklm	abcdefghijklm
abcdefghijklm	*abcdefghijklm*	*abcdefghijklm*	*abcdefghijklm*
ABCDEFGHIJKLM	ABCDEFGHIJKLM	ABCDEFGHIJKL	ABCDEFGHIJKL
ABCDEFGHIJKL	**ABCDEFGHIJKL**	**ABCDEFGHIJK**	**ABCDEFGHIJK**
abcdefghijklm	**abcdefghijklm**	**abcdefghijklm**	**abcdefghijklm**
abcdefghijklm	***abcdefghijklm***	***abcdefghijklm***	***abcdefghijklm***
ABCDEFGHIJKLM	**ABCDEFGHIJKLM**	**ABCDEFGHIJKL**	**ABCDEFGHIJKL**
ABCDEFGHIJKL	**ABCDEFGHIJKL**	**ABCDEFGHIJK**	**ABCDEFGHIJK**
abcdefghijklm	**abcdefghijklm**	**abcdefghijklm**	**abcdefghijklm**
abcdefghijklm	***abcdefghijklm***	***abcdefghijklm***	***abcdefghijklm***
ABCDEFGHIJKLM	**ABCDEFGHIJKLM**	**ABCDEFGHIJKL**	**ABCDEFGHIJKL**
ABCDEFGHIJKL	**ABCDEFGHIJKL**	**ABCDEFGHIJK**	**ABCDEFGHIJK**
abcdefghijklm	**abcdefghijklm**	**abcdefghijklm**	**abcdefghijklm**
abcdefghijklm	***abcdefghijklm***	***abcdefghijklm***	***abcdefghijklm***
ABCDEFGHIJKLM	**ABCDEFGHIJKLM**	**ABCDEFGHIJKL**	**ABCDEFGHIJKL**
ABCDEFGHIJKL	**ABCDEFGHIJKL**	**ABCDEFGHIJK**	**ABCDEFGHIJK**
abcdefghijklm	**abcdefghijklm**	**abcdefghijklm**	**abcdefghijklm**
abcdefghijklm	***abcdefghijklm***	***abcdefghijklm***	***abcdefghijklm***
ABCDEFGHIJKLM	**ABCDEFGHIJKLM**	**ABCDEFGHIJKL**	**ABCDEFGHIJKL**

aaaaaaaaaaaa

aaaaaaaaaaaaa

aaaaaaaaaaaaa

Schrift-Sippe

Zur Verwandtschaft gehören nunmehr nicht nur Großeltern, Eltern und Enkel, sondern auch Onkel und Tanten, Vettern und Kusinen ersten, zweiten und dritten Grades. Zum Beispiel bei der Thesis von Lucas de Groot, die ab 1994 erschien und sogleich die Typografie-Szene erobert hat.
Da sind folgende Familien als Sippe miteinander verbunden:

TheSans (ohne Serifen),
TheMix (mit wenigen kräftigen Serifen),
TheSerif
(mit kräftigen Serifen),
TheAntiqua
(mit normalen Serifen),
jede mit sieben oder acht Strichstärken, jede mit Kursiv und Kapitälchen, ferner die TheSans Mono
(mit gleichen Schriftbreiten bei allen Buchstaben) und die TheSans Condensed.
Der Unterschied zur menschlichen Sippe: alle vertragen sich miteinander.

TheSans Mono

ABCDEFGHIJKLM
abcdefghijklm
abcdefghijklm

TheSans Condensed

ABCDEFGHIJKLMNOP
abcdefghijklmnopqrs
abcdefghijklmnopqrs

Völlig unüberschaubar wird die Schrift-Sippe, wenn die einzelnen Schriftfamilienglieder nicht mehr definierbar sind. Bei den »Multiple-Master-Schriften« sind die Übergänge von mager zu fett und sogar von Grotesk zu Antiqua fließend. Der Setzer kann die Füßchen selbst anwachsen oder verschwinden lassen und die Buchstaben sogar mager und magerer oder fett und fetter werden lassen. Eine Sache nur für Spezialisten.

Die Kleinen werden immer größer

Die Verhältnisse von x-Höhe zu Oberlänge und Unterlänge einer Schrift tragen wesentlich zum Charakter einer Schrift bei. Ebenso die Verhältnisse von Versalhöhe zu Oberlänge.*

Offenbar sind sich die Schriftentwerfer über die Jahrhunderte hin nicht einig geworden, welche Proportionen den Schriften am besten bekommen. Sie haben zum Beispiel die Großbuchstaben mal größer werden lassen und dann wieder kleiner, immer mit der Begründung, das nütze der Ruhe der Zeilen und der Lesbarkeit. (Es muss dabei allerdings bedacht werden, dass die Größe der Versalien sich im Deutschen wegen der Großschreibung anders auswirkt als zum Beispiel im Englischen oder Französischen).

Bei den Kleinbuchstaben hat sich eine Tendenz mehr oder weniger kontinuierlich durchgesetzt: die Kleinbuchstaben werden immer größer.
Das verändert das Schriftbild entscheidend.

Bei neuen Schriften ist das Sache der Schriftkünstler, sie entwickeln ihre Schriften entsprechend ihren Einsichten. Beim Nachschnitt historischer Schriften ist es problematischer. Auch hier wurden die Proportionen geändert, zugunsten größerer Mittellängen. Damit wurde der Charakter der alten Schriften verändert. Solche Eingriffe liegen in der Verantwortung der Schrifthersteller. In der Verantwortung der Typografen liegt es, welche Schriften sie wählen und wie sie damit umgehen.

Für die Typografie wirkt sich die Größe der Versalien vor allem beim Satz von Wörtern in Großbuchstaben aus.
Bei großen VERSALIEN knallen sie heraus. Bei kleinen VERSALIEN fügen sie sich ein.

Unbekannte Begriffe werden im Glossar, Seite 101 bis 103 erklärt.

Tag Tag Tag

Dreimal Garamond.
1540, 1925, 1977.
Die Veränderung der Proportionen ist unübersehbar.

Taprinutkel

Taprinutkel

Die Bembo (um 1500) und die Futura (1928) folgen dem gleichen Proportions-Vorbild: der Kombination der römischen Versalien mit den humanistischen Gemeinen. Die Großbuchstaben sind zwar deutlich größer als die Gemeinen, aber nicht so groß wie deren Oberlängen.

Taprinutkel

Taprinutkel

Um 1700 begann die Egalisierung der Proportionen. Die Versalien und die Oberlängen der Didot (1784) sind gleich groß, und zwar extrem größer als die Gemeinen. Bei der Helvetica sind sie ebenfalls gleich groß, nur sind hier die Proportionen anders.

Taprinutkel

Taprinutkel

Umgekehrt sind bei vielen Schriften des 20. Jahrhunderts, zum Beispiel bei der Caecilia und der Vectora, die Versalien nur wenig oder kaum größer als die Gemeinen.

Taprinutkel

Taprinutkel

Kurze Unter- und Oberlängen erlauben »viel Text auf der Seite«. Wenn genügend Platz vorhanden ist, spielt das keine Rolle, erschwert aber unter Umständen das Lesen. Darum gibt es einige Schriften, zum Beispiel die Lexicon, mit unterschiedlichen Proportionen. Bei identischer Größe der Kleinbuchstaben sind die Ober- und Unterlängen kleiner oder größer.
Bei der Trinité gibt es sogar drei Proportionsstufen (nicht abgebildet).

Die Großen werden immer gleicher

Die römische Capitalis Monumentalis basiert auf einem Konstruktions-Grundmuster, ausgehend vom Quadrat und dessen Teilungen.

Daraus ergeben sich Buchstaben-Individuen von sehr unterschiedlicher Breite und stark rhythmisierte Wort-Bilder.

Das wurde von den ersten Antiqua-Schriften im 16. Jahrhundert übernommen. Im Lauf der folgenden Jahrhunderte war es offenbar das Bestreben der Schriftkünstler, die Buchstaben immer mehr einander anzugleichen, sowohl in den Proportionen wie bei den Formen, bis hin zur schematischen Gleichschaltung im 19. Jahrhundert. Das ging auf Kosten der Eigenart der Buchstabenformen. Bei heutigen Antiqua-Schriften sind alle Stufen der Proportionsvereinheitlichung zu finden.

Ebenso steht es bei den Grotesk-Schriften, jedoch verlief die Entwicklung hier nicht chronologisch.

Bei den Kleinbuchstaben gibt es die parallele Entwicklung: die Tendenz zur Angleichung der Buchstaben-Proportionen. Die heutigen Schriftentwerfer sind hier aber unterschiedlicher Meinung. Die einen, zum Beispiel Otl Aicher bei seiner Rotis, propagieren die Angleichung aller Buchstabenbreiten mit der Begründung, das beruhige die Wortbilder und fördere die Lesbarkeit. Die anderen, zum Beispiel Hermann Zapf bei seiner Optima, praktizieren eine deutliche Rhythmisierung der Buchstabenbreiten mit der Begründung, dass sich so die Wortbilder deutlicher voneinander unterscheiden, leichter identifizierbar sind und einprägen. Meine Erfahrungen als Leser haben mich zum Anhänger der letzteren Auffassung gemacht.

PUSAGNIDER

Bembo (um 1500*). Deutlich unterschiedliche Buchstabenbreiten, entsprechend der Capitalis Monumentalis. Das R schwingt frei aus.

PUSAGNIDER

Caslon (1725). Die schmalen Buchstaben sind breiter geworden, U und N schmaler. Das R ist fest auf den Boden aufgestellt.

PUSAGNIDER

Bodoni (ca.1790). Die ursprünglich unterschiedlich breiten Buchstaben sind einander angeglichen. Das R ist in sich geschlossen.

PUSAGNIDER

Modern (ca.1830). Die Buchstabenformen sind dem Schema untergeordnet und gleichgeschaltet, wie zum Beispiel der Kopf von P und R.

PUSAGNIDER

Futura (1928). Die Proportionen der Versalien folgen der Konstruktion der Capitalis Monumentalis. Das R stellt das Bein fest auf.

PUSAGNIDER

Helvetica (1957). Die breiten Buchstaben sind schmaler geworden, S und R dafür breiter. Das R hat sein Bein eingezogen.

PUSAGNIDER

Offcina Sans (1990). Die Buchstabenbreiten sind so weit wie möglich vereinheitlicht.

Pusagnider

Dies ist ein Blindtext. An ihm lässt sich vieles ablesen über die Schrift.

Optima (1958). Die Buchstabenbreiten sind entsprechend ihrer Herkunft von den Römischen (Versalien) und den Humanistischen Schriften (Kleinbuchstaben) deutlich rhythmisiert.

Pusagnider

Dies ist ein Blindtext. An ihm lässt sich vieles ablesen über die Schrift.

Rotis Semi Sans (1989). Die Buchstabenbreiten sind möglichst einheitlich gehalten.

**Die Daten beziehen sich auf die ursprünglichen Schriftschnitte.*

Wechselbad der Schriften

Streiflichter zur Typografie des 20. Jahrhunderts

Die Abbildungen dieser vier Seiten zeigen auf den ersten Blick, dass die Entwicklung der Typografie nicht kontinuierlich verlief, sondern von Gegensätzen gebeutelt wurde.

Ebenso wie die Gesellschaft, deren Entwicklung die Typografie spiegelt. (In Wirklichkeit war alles natürlich viel komplizierter.)

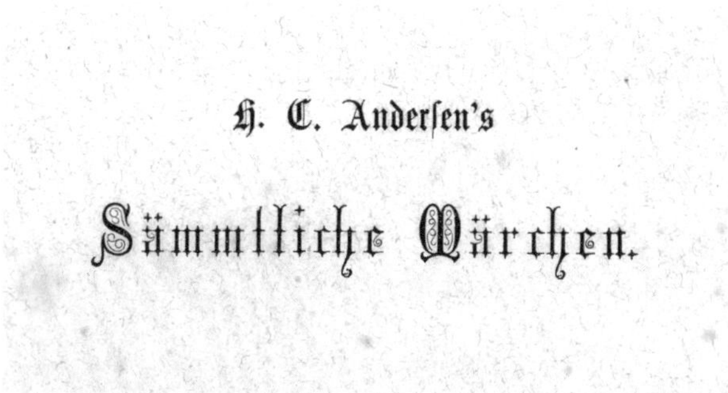

Vor dem Krieg (1914/1918) (oder nach dem Krieg von 1870/71): **Historismus** »Wir beherrschen und benützen alle Stile der Kunst. Wir wählen und kombinieren, wie es uns gefällt!« So ähnlich könnte man das Denken der Architekten und Künstler des ausgehenden 19. Jahrhunderts beschreiben – auch das Denken der Typografen.

Dieser »Eklektizismus« bot keinen Maßstab mehr. Komplizierte Künstlichkeit statt solider Handwerks-Kunst. Das wirkte noch weit ins 20. Jahrhundert hinein. Eine Reform war überfällig.

um 1900, **Jugendstil** Die Reform kam von den Architekten, Künstlern, Kunstgewerblern, Modeschöpfern und von den Buchkünstlern des Jugendstils. Sie fragten nicht nach historischen Wurzeln, sie wollten ihren eigenen Stil schaffen.

Eine großartige, aber kurze Blütezeit. Ihre Künstler-Bücher stehen in Museen, die Kinderbücher sind zerschlissen, doch die Schriften des Jugendstils kann man noch benützen, sogar auf dem PC.

WAS Niemand konnte, ohne blind zu werden:
Der Wahrheit Sonne offnen Auges schauen;
Was keiner tat vor übermächtgem Grauen:
Ganz einsam schreiten auf dem Pfad der Erden,

ab 1890, **Schriftenwende: Morris und die Folgen** Es klingt wie ein Witz: Der Historismus wurde historisierend überwunden: durch die Renaissance der Renaissance (die Wiederentdeckung der Wiederentdeckung der Antike). Die Schlüsselfigur der Reform, William Morris aus Kelmscott bei London, hatte sozialrevolutionäre Ideale und Ziele. Das ist Geschichte. Sein typografischer Ansatz ist Gegenwart: die Wiederentdeckung der funktionsgerechten (und schönen) Lesetypografie der Renaissance als Basis und Maßstab, die Wiederbelebung der historischen Schriften.

Davon leben wir Typografen noch heute, nach hundert Jahren.
William Morris selbst liebte zwar überbordende Ornamentik. Aber in seiner Umgebung und in seiner Nachfolge entstanden die Schriften und die Bücher, die das ganze 20. Jahrhundert beeinflusst haben.
Das zweite Beispiel – die Schrift der Bremer Presse – ist ein Muster für den Umgang mit den Schriftformen der Vergangenheit. Auch die modernen, lesegerechten dynamischen Grotesk-Schriften haben dort ihre Wurzeln.

Wechselbad der Schriften

Kulturschock: Futurismus und DADA Die kriegsverherrlichenden Futuristen proklamieren bereits um 1910 den Bruch mit der Vergangenheit. Der Krieg vollzieht das. Er stellt jeden Anspruch auf gültige Gesetze in Frage, auch in der Typografie.

Die anarchische Gruppe der Dadaisten hat die Werte der bürgerlichen Kultur auf den Kopf gestellt. Die Dichtung, das Theater, die Kunst und die Typografie. Das war ein Schock für die Bürger, allerdings kein sehr heilsamer Schock, denn die Wirkung blieb auf Insider-Kreise beschränkt. Erst heute können wir die kulturelle Bedeutung der Dadaisten so recht ermessen.

Die Dreißiger Jahre Um 1930 stehen in Deutschland drei Schriftbewegungen neben- und gegeneinander.

Wer die Zukunft bestimmt, ist offen, in der Politik wie in der Typografie.

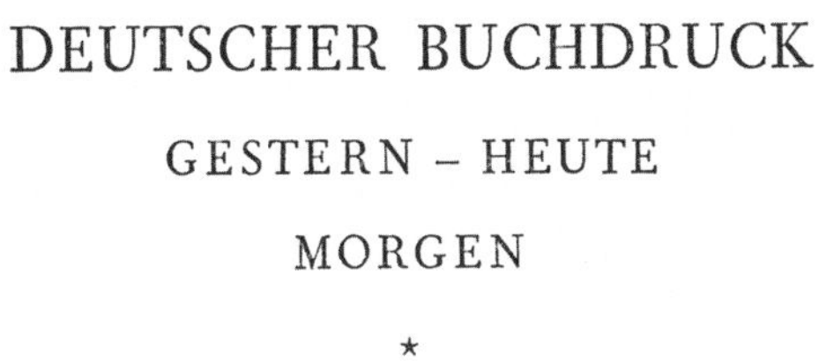

Bürgerlich Das deutsche Bildungs-Bürgertum will nach dem Krieg keine Neuerungen. Es will in allen Bereichen an die große europäische Kultur anknüpfen. Auch in der Typografie. Die »englische« Typografie-Reform des Jahrhundertbeginns hat sich durchgesetzt. Die Gestaltung der elitären Pressendrucker wie der großen Buchverlage folgt dem Renaissance-Ideal. Vor allem ist das funktionale »Lesetypografie«. Die ersten epochemachenden Nachschnitte der historischen Schriften sind auf dem Markt, vorab die Garamond (1540/1925), die bis heute maßstabbildend ist, ebenso die gebrauchstüchtigen, für damalige Leser sehr gut lesbaren Frakturschriften.

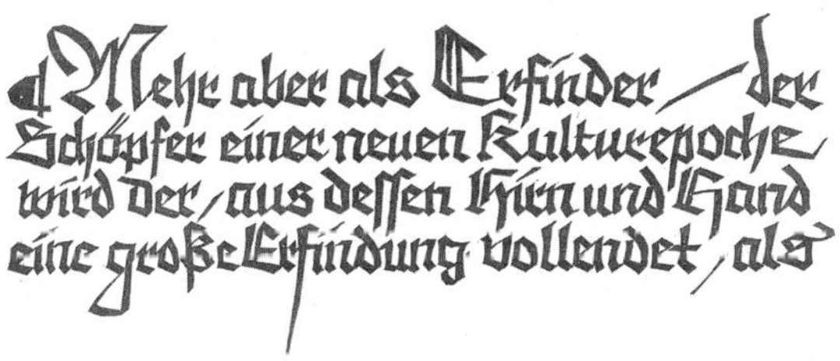

Völkisch Gegen die eher zurückhaltende, international orientierte bürgerliche Funktions-Typografie ist eine Schriftbewegung auf den Plan getreten, die vor allem ihren Bezug zur deutschen Tradition und Herkunft betont. Auch sie entspricht gesellschaftlichen Strömungen. Die zentrale Figur ist Rudolf Koch.

Aktive, expressive, emotionale Schriftformen, aber auch ein – wiederum historisierender – Rückgriff auf die differenzierten Formen der gotischen »Textura«. 1941 war es aus mit dieser Schrift Bewegung. Hitler opferte die »deutsche« Schrift seinem internationalen Machtstreben (siehe Seite 11).

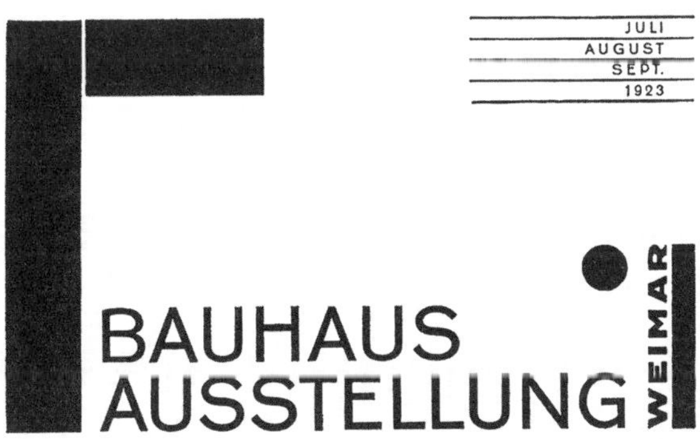

Bauhaus Die – neben der bürgerlichen Schrift-Reform von 1900 – andere, große, das weitere Jahrhundert prägende Reform (oder war es eine Revolution?) verbinden wir mit dem Begriff »Bauhaus«, mit der Schule – der Denkschule wie der realen Schule –, die die Zukunft in einer besseren, technisierten Zukunft sah – auch die Zukunft der Schrift. Die bürgerliche wie die völkische Typografie wurde verachtet und abgelehnt. Das typografische Sprachrohr der Neuen Typografie war Jan (Ivan) Tschichold. Dem Ansatz des Bauhauses verdanken wir die epochemachende »Futura« von Paul Renner (1928). Die Bauhaus-Meister und -Schüler wurden von den Nazis vertrieben. Ein kultureller Aderlass. Die wichtigen Entwicklungen fanden nun in der Schweiz und in Amerika statt.

Wechselbad der Schriften

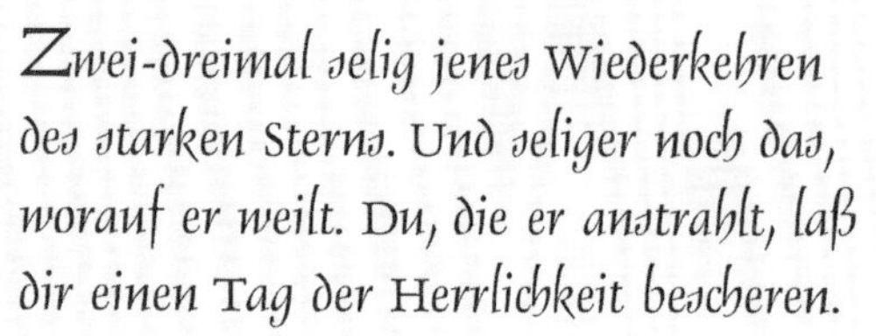

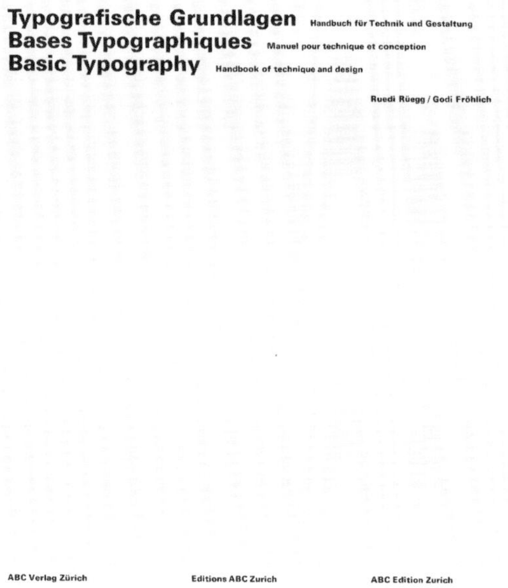

Nach dem Zweiten Weltkrieg Zu Beginn der fünfziger Jahre wurden die alten Fäden und Fehden wieder aufgenommen. Die Frakturschriften fanden allerdings nicht zu neuem Leben.

Neo-Klassisch Die Bildungsbürger hatten wiederum kein anderes Bestreben, als den Wahnsinn des Krieges vergessen zu machen. In allen gesellschaftlichen und kulturellen Bereichen, auch in der Typografie. Es wurden neue Schriften aus klassischem Geist geschaffen (die bis heute aktiv leben) oder feinsinnig die Tradition mit neuen Schriftformen interpretiert. Der Prophet dieser Neo-Klassizität war der gleiche Jan Tschichold, der seine Ein- und Ansichten in der Emigration von Grund auf geändert hatte. Die Bauhaus-Ideen und deren Folgen wurden von ihm nunmehr total abgelehnt.

Moderne In der Schweiz war während des Krieges und in der Nachkriegszeit der ruppige Ansatz der Bauhaus-Typografie zu einem durchdachten System gereift, das wir »Schweizer Typografie« nennen. In der Hochschule für Gestaltung in Ulm wurde dieser Weg mit geradezu wissenschaftlicher Gründlichkeit weiterbegangen. Die Grundlage war das Streben nach Gültigkeit und Sicherheit, nur auf ganz andere Weise als bei der traditionsbezogenen Typografie.

Es ist die Typografie der Moderne. Sie hat die Design-Landschaft ebenso geprägt, wie die Architektur der Moderne den Wiederaufbau unserer Städte geprägt hat. Die Schrift ist ausschließlich die Grotesk. Die Typografie ist durchdacht, geplant, in Gestaltungsraster gefügt, logisch, kühl und klar. Allein die anachsiale Anordnung war erlaubt – ideologische Strenge und Ablehnung jedes Andersgestaltenden.

Pragmatismus Während sich in Deutschland und in der Schweiz die typografischen Schulen gegenüberstehen – 1960 wie 1930 –, kamen die Amerikaner mit einer konträren Typografie-Auffassung. Die Stil-Fragen waren ihnen völlig unwichtig. Da gab es keine verbotenen Schriften, keine verbotenen Schriftmischungen, keine typografischen Tabus. Sie fragten nur: wie wirkt das auf die Leute? Typografie als Mittel zum Zweck, vor allem natürlich zum Zweck der Werbung. Nach und nach ist das auch bei uns zu Lande zur Hauptfrage der Typografie geworden.

Ein zweiter Kultur-Schock »Die 68er« haben die bürgerlichen Werte, den Zukunftsglauben der Moderne und die Kommerzialisierung der Gesellschaft gleichermaßen in Frage gestellt und angegriffen, und auch deren Typografie. Die revolutionäre Ästhetik, die sie dagegensetzten, hatte Kraft, sie blieb aber ohne dauerhaften Einfluss – scheinbar. Doch subversiv war der Einfluss groß. Es war nichts mehr wie zuvor, unsere Selbstsicherheit war gebrochen, in der Gesellschaft wie in der Typografie.

Wechselbad der Schriften

Moderne Klassizität
Die Typografie ist in Bewegung geraten. Das Beispiel (der Ausschnitt aus dem Umschlag eines Heftes) besteht aus einem mit farbiger Schrift bedruckten weißen Karton und einem transparenten Umschlag, auf dem andere Teile der Schrift (silbergrau) und die kleinen farbigen Bilder gedruckt sind. Die Schrift reicht bis auf die Rückseite des Heftes.

Die Typografie ist komplex geworden. Farbe und Bilder werden zu ihrem Bestandteil, die Materialien werden auf neue Weise entdeckt, die Bewegung wird durch die Drehung beim Lesen und durch das Umdrehen des Heftes zum Bestandteil der Gestaltung. Sind das die Vorboten der künftigen bewegten Bildschirmtypografie?

Das Jahrhundert-Ende ist wiederum durch gesellschaftliche Veränderungen gekennzeichnet. Nicht Umsturz, sondern eine mitunter heitere Unterwanderung der bisherigen Regeln, im Zusammenleben, im Konsumieren und auch in der Typografie.

Die Kultur der Rock- und Pop-Szene findet ihren Niederschlag in der Typografie: Neville Brody und die Folgen. Seine Magazine und seine Schriften entwirft er zwar in den achtziger Jahren, in Deutschland verbreitet sich diese »Chuzpe-Typografie«, die alles macht, was verboten ist, auf Lesbarkeit pfeift und nur für sich selbst da ist, erst nach 1990. Das leitet – unabhängig vom Stil der achtziger Jahre – einen neuen Umgang mit Typografie ein, mit dem wir Alten uns erst anfreunden mussten. Ist erlaubt, was gefällt?

Synthese Was vor 75 Jahren als Revolution angetreten ist, das ist zur Alltags- und Gebrauchstypografie geworden. Die scheinbaren Gegensätze sind funktionsgerecht vereint: die Erfahrungen der traditionellen Typografie optimieren die Lesbarkeit – unterstützt von den zahlreichen neuen Schriften, die der heutigen Satztechnik entsprechen –, und die Einsichten der »Bauhaus-Typografie«, die zu einer deutlichen Gliederung und Übersichtlichkeit und zu einer auf den Leser zugehenden Gestaltung geführt hat. Das alles ohne ideologische Bevorzugung oder Ablehnung bestimmter Schriftarten oder Stilmittel.

Die Zukunft Wissen wir, wie sich die Gesellschaft ändern wird? Wissen wir, wie sich die Typografie ändern wird? Wird alles anders? Vielleicht steht dem Umgang mit Schrift, der Typografie, jetzt die größte Veränderung seit Gutenbergs Erfindung bevor. Seit 500 Jahren war die Typografie Sache von Fachleuten, die ihr Handwerk gelernt hatten. Jetzt, mit der Verbreitung des Computers, ist sie jedermanns Sache.

Sollen die Laien-Typografen sich zu Fachleuten ausbilden und die »Regeln« erlernen, oder sollen sie ihr Neuland auf eigene Faust erobern und ihren Spaß dabei haben? Und wir Berufstypografen schauen dabei zu, irritiert, entsetzt, amüsiert oder staunend, je nachdem. Beides sind mögliche Wege in die Zukunft der Typografie. Eines wäre aber kein Weg in die Zukunft der Typografie: Gleichgültigkeit.

Lesbarkeitsforschung

Gelesen wird seit Jahrtausenden. *Wie* wir lesen – darüber wird seit knapp hundert Jahren nachgedacht. Auf dieser Seite sind ein paar Kostproben abgebildet. Wissenschaftliche Lesbarkeitsforschung gibt es seit 75 Jahren.

Die Ergebnisse der Untersuchungen sind widersprüchlich. Es wurde nachgewiesen, dass die Fraktur besser lesbar ist als die Antiqua und dass die Antiqua besser lesbar ist als die Fraktur. 1926 wurde nachgewiesen, dass die Grotesk schlecht lesbar ist und heute liest sie jedermann flüssig.

Der Grund: Gewohnheit. Zur Prüfung der Lesbarkeit von Schriften gehören nicht nur objektiv messbare Kriterien, sondern auch die subjektive Gewöhnung an bestimmte Schriftformen.

Dennoch: es gibt objektive Lesbarkeitskriterien. Von ihnen sollte die Wahl von Schriften und ihr Einsatz bestimmt sein.

9. Schonung der Augen der Kinder und Erwachsenen und damit Verhinderung der überhandnehmenden Kurzsichtigkeit,

was mit Rücksicht auf die Möglichkeit ihrer Vererbung — man beachte die vielen Brillenträger schon in den Elementarklassen — und die Erhöhung und Erhaltung der deutschen Wehrfähigkeit von der gröfsten Tragweite ist. Wie viele Krieger mögen allein schon nur wegen Kurzsichtigkeit Schaden genommen haben!

1911

günſtigere Geſamtbilder. Hierbei iſt zu berückſichtigen, daß die Buchſtaben beim Leſen nicht in ihrer Geſamtform erkannt werden, ſondern ein durch einzelne hervorragende oder ſonſt auffallende Teile bedingtes mehr oder weniger ſinnfälliges Geſamtbild. Deshalb ſpielen u. a. möglichſt **bildhafte** und dafür gut unterſcheidbare **Großbuchſtaben,** viele und verſchieden geſtaltete, ſowie richtig verteilte **Ober- und Unterlängen** der Buchſtaben, unterſchiedlich geformte **Buchſtabenköpfe** und enge **Bindungen** der Mitlauter-Kopplungen eine wichtige Rolle für die Bildung eines möglichſt großen und ſchnell erkennbaren Leſefeldes.

1926

1928

Aufmerkſamkeit gelenkt werden. Die Häufung der Großbuchſtaben bedeutete, obwohl ſie ungewohnt war, eine weſentliche Erleichterung und keineswegs eine Erſchwerung. Man erwartet die größte Erleichterung bei der Schriftart, die in eintönigen Schriftbalken dahinläuft, die Erwartung wird nicht beſtätigt. Vielmehr tritt bei Frakturdruck eine durch-

Damit die Wortbilder vom Leser ohne Mühe erfaßt werden können, müssen sich die Buchstaben ähnlich sein, so daß sie sich zu möglichst einfachen Bildern zusammenfügen, und zugleich doch so unähnlich, daß sich in jeder Buchstabenfolge ganz unverwechselbare, leicht zu unterscheidende Wortbilder ergeben. Diese einander widerstreitenden

1940

1931

Ohne Zweifel ist es für das lesende Auge eine nicht unerhebliche Erleichterung, daß die auf jede Zeile entfallende Silbenzahl bei der Futura-Druckschrift eine geringere ist als bei den Antiquatypen, in denen die

Es wurde weiterhin von den Versuchspersonen verlangt, unter schwierigen Bedingungen eine Vorlage abzulesen, indem die Leseprobe auf einen Rüttelapparat gesetzt wurde, so daß das Erfassen und Erkennen der Buchstaben und Worte außerordentlich erschwert war. Diese Versuche führten zu dem interessanten Ergebnis, daß

Moede kommt zu dem Gesamtergebnis, daß die Futura „trotz größerer Geläufigkeit und Geübtheit der alten Schriftprobe, teils ganz allgemein nach vielen Hinsichten, teils typologisch für bestimmte Gruppen von Lesern merkliche, teilweise erhebliche Vorzüge besitzt".

1927

Lesbarkeit von Schriften und Satz ist sinnverwandt mit Deutlichkeit. Es kommt aber nicht nur auf klare, schnörkelfreie Buchstabenbilder an, sondern es müssen die Worte und die Zeilen genügenden Abstand voneinander haben, und der Übergang von einer Zeile zur andern darf nicht durch ungebührliche Zeilenlänge erschwert werden. Ein großes Schriftbild wirkt, wenn entsprechender Abstand fehlt, weniger deutlich als ein kleineres, das bei genügendem Abstande dem Auge das Erfassen wesentlich erleichtert. Beim Lesen wird nicht buchstabiert, sondern es müssen Worte und Wortgruppen vom Auge erfaßt werden. Das wird durch die großen Anfangsbuchstaben der Hauptwörter und durch die Ober- und Unterlängen (s. d.) der kleinen Buchstaben begünstigt, von denen die Fraktur anderthalbmal mehr hat als die Antiqua. *s. Augenpulver.* (*VIA*)

Augenpulver. Bekannter Ausdruck für besonders kleine, enggesetzte, schwer lesbare Schrift. Bei Büchern, die nicht anhaltend, sondern nur nachschlagsweise gelesen werden wie Taschenwörterbücher, Reiseführer, Verzeichnisse usw. ist kleine Schrift und enger Satz leichter erträglich und der Raumersparnis wegen auch meistens unvermeidlich. Die Bezeichnung als ~ unterliegt stark der persönlichen Auffassung bzw. sie wird von der Sehschärfe beeinflußt, und mit der endlichen Anschaffung eines Augenglases tritt gewöhnlich eine merkliche Toleranz dem Begriffe gegenüber ein. *s. Lesbarkeit, Zeilenabstand.* (*VIA*)

Verwechslungsgefahr

ɑ a

Welches a kann man besser lesen, das einäugige, geschlossene oder das komplizierte offene?

g g

Welches g kann man besser lesen, das »einstöckige« oder das »zweistöckige«?

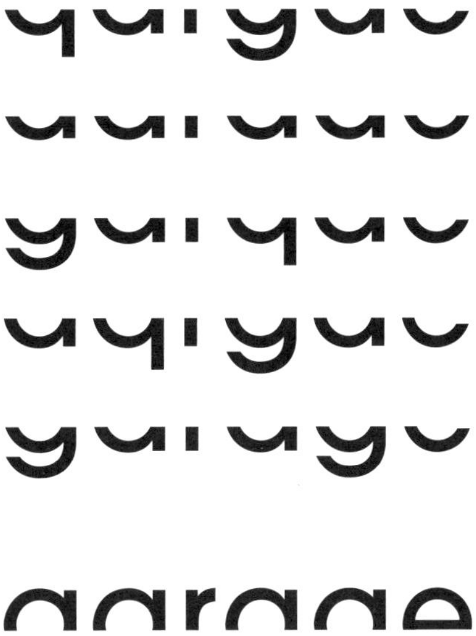

Welches Wort-Unterteil passt zum unten stehenden Wort-Oberteil?

(Das Beispiel ist nicht aus der Luft gegriffen, alle Augenblicke werden in den Straßen unserer Städte Wortbilder von Autodächern zertrennt.)

Man sollte annehmen, dass nach 500 Jahren Leseerfahrung unsere Satzschriften ausgereift sind. Doch das ist nicht der Fall. Vor allem bei der jüngsten Schriftart, der Grotesk, gibt es einige Stolperstein-Buchstabenformen, die zu Irritationen führen können. Für routinierte Leser ist das kein großes Problem, aber für Lese-Anfänger, zum Beispiel für Kinder oder Ausländer, können undeutliche Buchstaben zu erheblichen Missverständnissen führen.

Wenn Sie dieses Buch anhand des Prospektes bestellen wollen, was geben Sie dem Buchhändler als Titel an?

lll

Was ist das?

lr

Was ist das?

Verwechslungsgefahr

qargae
aarage
garqae
aqrgae
garage
garage
garage

Die Beispiele dieser Seite zeigen auf, wie wichtig unverwechselbare Schriftformen sind.

Als Faustregel gilt: Nicht die einfachsten, sondern die eindeutigsten Buchstabenformen sind am besten zu lesen.

Alles passt und noch viel mehr, aber nicht alles macht Sinn. Erst der Wortsinn erklärt das richtige Wortbild. Die Buchstabenformen a, q, g sind einander ähnlich. Beim a oder g gibt es keine Verwechslungsgefahr.

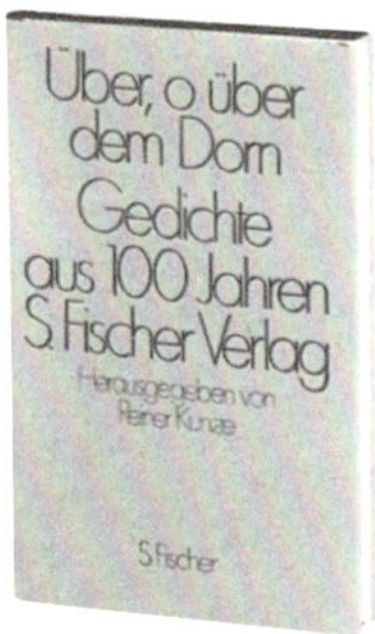

Dorn Dorn
Dorn Dorn
Dorn Dorn
Dorn Dorn

In der Bibliographie des Prospektes, aus dem diese Abbildung stammt (im Original ist sie farbig: gelber Grund, schwarze Schrift), wird der Titel des Buches wiederholt:
Über, o über dem Dorn.

Wäre die Schrift nicht so eng gesetzt, hätte man richtig lesen können. Bei anderen Schriften hätte es von vorneherein keine Verwechslungsgefahr gegeben. So etwas passiert nur bei schematisch vereinfachten Schriften.

Straßburg an der Ill
Richard III
Illusion
Illusion Jllusion
Illusion Illusion

Dieser Strich I kann ein großes I oder ein kleines l sein (dieser Satz in dieser Schrift wäre ohne »groß« und »klein« fast nicht verständlich.
Die Schriftgestalter versuchen, diesem Geburtsfehler der Groteskschrift (siehe Seite 60) zu begegnen, indem sie den i-Strich etwas dicker und kürzer halten als den l-Strich oder das l unten abbiegen.

Ein J statt eines I ist in jedem Fall falsch, die Buchstaben werden verschieden ausgesprochen – aber der Fehler ist beliebt, wie das private Dokument beweist.

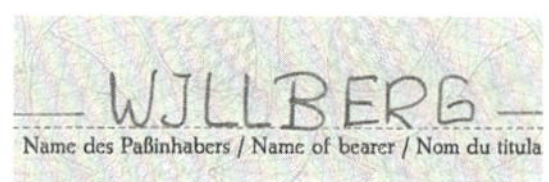

Bei Schriften mit Serifen gibt es keine Verwechslungsgefahr.

Die buchstabenähnlichen Gebilde stammen aus der Kapitelüberschrift eines Sachbuches. Das ist deshalb so schlimm, weil es sich um ein Buch »Deutsch für Ausländer« handelt. So etwas ist lernhindernde Typografie.

Die Grundform eines großen L besteht nun mal aus einem senkrechten und einem kürzeren waagerechten Strich.
Ein kleines r aus einer Senkrechten mit einem angesetzten Bogenteil.
In der Werbung darf man typografische Irritationen erzeugen, um aufzufallen.
Bei Informationstypografie nicht.

Buchstabe und Wortbild

Das ist ein K.

Das ist auch ein K.

Das auch.

Was ist das?

Wer das lesen kann,
der hat schon viel gelesen.

Wer das lesen will,
der muss noch viel üben.

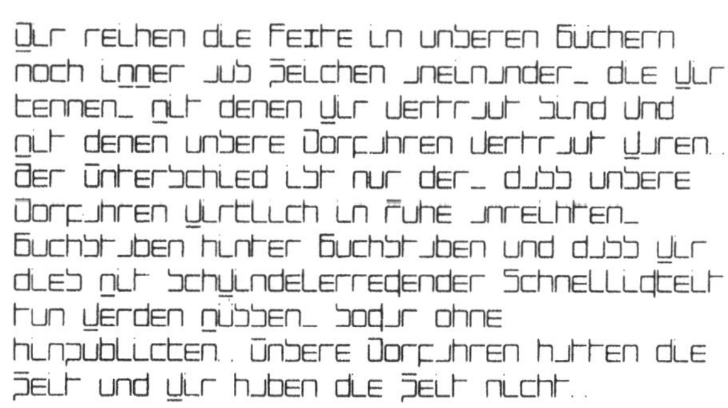

Buchstabe und Wortbild

K

Lesen heißt analysieren. Beim Lesenlernen prägen wir uns für jeden Buchstaben eine Grundform ein (mit einer größeren oder kleineren Variationsbreite) wie eine Schablone. Beim Lesen wird geprüft, ob eine Buchstabenform in die Schablone passt und somit der entsprechende Buchstabe ist. (So könnte man auf vereinfachende Weise den Lesevorgang erklären.) Wenn eine Buchstabenform nicht in die Schablone passt, zum Beispiel bei historischen Schriften oder bei Handschriften, können wir das Wort nicht lesen. Wir müssen den Sinn des Wortes erraten und auf den Buchstaben rückschließen. Das Beispiel heißt »Käthchen«, nämlich Käthchen von Heilbronn in Heinrich von Kleists Handschrift.

Wenn der Wortsinn nicht verständlich ist, müssen wir vom Satz oder Halbsatz ausgehend rückschließen. Wenn wir häufig genug Wörter mit dem unvertrauten Buchstaben gelesen haben, kennen wir ihn. Er hat sich ebenfalls als erweiterte Schablone eingeprägt. (Immer wenn ich eine neue Assistentin bekam, konnte sie meine handgeschriebenen Notizen nur mit Mühe entziffern, im nächsten Semester konnte sie »mich« flüssig lesen.) So erlernen wir jeden Buchstaben in vielerlei Formen. Wir analysieren beim Lesen jeden einzelnen Buchstaben.

Wenn man derartige breiförmige Gebilde als sinnvolle Wörter identifizieren kann, obwohl kein einzelner Buchstabe zu erkennen ist, scheint das die Behauptung zu widerlegen, dass wir beim Lesen jeden einzelnen Buchstaben analysieren. In Wahrheit ist es aber eine Entsprechung. Wortbilder oder Bilder von Wortteilen können als ganze Form eingeprägt und gespeichert werden, vorausgesetzt, sie werden häufig genug gelesen. Vielleser können deshalb schneller lesen. (Auf diesem Prinzip beruht die Ganzheitsmethode, die einige Zeit beim Lesenlernen propagiert wurde.)

Im 20. Jahrhundert gab es immer wieder Vorschläge, das Alphabet von Grund auf neu zu gestalten. Neue Schriften. Sie müssen alle scheitern, weil sie voraussetzen, dass sich die Menschen an diese Schriften anpassen.

Eine Schrift, die funktionieren, das heißt lesbar sein will, muss sich aber an die Menschen anpassen. An die Menschen und ihre Lesegewohnheiten – sei es bei uns zu Lande oder in China. Für jede Gebrauchsschrift gilt: ungewohnte, »besondere« Buchstabenformen – besonders originelle wie besonders schöne – stören beim Lesen.

Wie wir lesen

Versuch, den Begriff »Lesbarkeit« zu definieren.

(Korrekt müsste es, entsprechend dem angelsächsischen Begriffspaar Readibility/ Legibility »Leserlichkeit« heißen. Doch das klingt mir zu sehr nach »Lächerlichkeit«. Ich mag das Wort einfach nicht und bleibe bei »Lesbarkeit«.)

Ich lese, um den Sinn eines Textes oder Wortes zu verstehen. Wenn irgendein Umstand einen noch so geringen Bruchteil meiner Aufmerksamkeit – natürlich unbewusst – vom Inhalt ablenkt, ist das Lesen beeinträchtigt. Dann sprechen wir von schlechter Lesbarkeit.

Schuld sein kann die Schrift, einzelne ihrer Buchstaben, zu lange Zeilen, zu geringer Durchschuss, schlechter Satz, schlechter Druck, schlechte Beleuchtung, durchscheinendes Papier, zu weiße oder zu glänzende Papieroberfläche, schlechte Luft, schlechte Laune, schlechte Verdauung, Kopfweh, Liebeskummer, Ärger mit Kollegen, dem Chef, dem Finanzamt, ein langweiliger Text, zu viel Schrift auf der Seite, allgemeine oder spezielle Lese-Unlust, zum Beispiel bei Antragsformularen usw.

Mit anderen Worten: Die Lesbarkeit eines Textes wird längst nicht nur von typografischen Bedingungen beeinflusst. Die Bedingungen der physischen Situation und der psychischen Befindlichkeit spielen eine nicht minder wichtige Rolle.
Wir Typografen können nicht alle diese potenziellen Störungen unterbinden, aber was in unserer Macht liegt, sollten wir tun.

Man liest Texte
nicht Buchstabe für Buchstabe
sondern in ruckartigen
Augensprüngen.

Wenn ein Buchstabe oder
ein Wort nicht entziffert
werden kann, muss rückgefragt
werden (Regression).

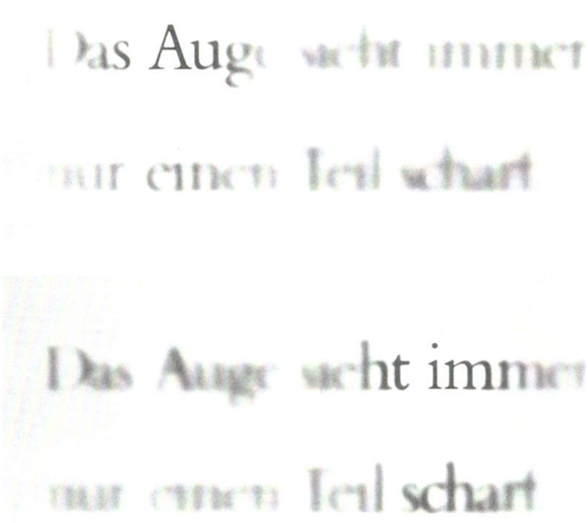

Vom Zeilenende muss das
Auge wieder den Weg zum
Beginn der nächsten Zeile
finden (Rückschwung).

Wie wir lesen.
Zur Verdeutlichung des Begriffs »Lesbarkeit«.

Beim Lesen gleiten unsere Augen nicht gleichmäßig über die Zeilen, sondern sie springen von einem Punkt zum nächsten. Während der Bewegung (Saccade) sieht man nichts, beim Stillstand (Fixation) sieht man etwas, und zwar – so steht es in den Fachbüchern – ungefähr neun Buchstaben im Umkreis der Fixation.

Und das sowohl zeilengerecht nach links und rechts als auch unabhängig von der Zeile nach oben und unten. Es ist also Aufgabe der Schrift und der Typografie, das Auge beim Lesen in der Zeile zu halten.

Das Auge sieht nur im Mittelpunkt des Gesichtsfeldes scharf, zur Peripherie hin immer unschärfer. Es liegt an den Buchstabenformen, ob sie in der unscharfen Gegend noch identifizierbar sind.

Wenn eine Stelle nicht lesbar war, das heißt ihre Bedeutung nicht verstanden werden konnte, muss nachgefasst werden, der Blick geht nochmals zurück (Regression).
Das kann bei fremden Begriffen, aber auch bei unklaren Wortbildern oder Buchstabenformen nötig sein.

Schließlich muss der Weg zurück vom Zeilenende zum Anfang der nächsten Zeile genommen werden (Rückschwung). Das kann misslingen, wenn der Weg zu lang und die Gasse, der Durchschuss, zu eng ist. Es ist Sache der Typografen, das zu verhindern (kürzere Zeilen, größerer Durchschuss).

Wir können für die jeweilige Aufgabe die richtige Schrift wählen:
- Eindeutige Buchstabenformen, geeignet, unmissverständliche Wortbilder zu bilden,
- geeignet, das Auge durch die Zeile zu führen.

Wir können die Schrift richtig einsetzen:
- Schriftgröße, Zeilenlänge und Durchschuss aufeinander abstimmen,
- ebenso den Buchstabenabstand und den Wort abstand abstimmen. Doch das ist schon etwas für erfahrene Setzer (S. 38/39).

Wir können die Übersichtlichkeit organisieren:
- Die Auszeichnungen richtig wählen,
- die Satzdetails beachten,
- die unbedruckten Flächen in die Gestaltung einbeziehen.

Klein und Groß

Wenn man als Typograf gute oder schlechte Erfahrung mit einer Schrift gemacht hat, ist noch nicht gesagt, dass es beim nächsten Mal ebenso funktioniert.

Einmal ist es die Schrift**größe**, die den Charakter einer Schrift beeinflussen, sogar verändern kann.

Dann ist es die **Fette** der Schrift. Manche Schriften vertragen es ohne weiteres, fetter oder magerer zu werden, andere vertragen das überhaupt nicht, sie sind kaum wiederzuerkennen.

Diese beiden Komponenten werden hier am Beispiel von zwei weit verbreiteten Schriften dargestellt.

STEMPEL-GARAMOND

Dies ist ein Blindtext. An ihm lässt sich vieles ablesen über die Schrift, in der er gesetzt ist. Auf den ersten Blick wird der Grauwert der Schriftfläche sichtbar. Dann kann man prüfen, wie gut die Schrift zu lesen ist und wie sie auf den Leser wirkt. Man kann nachmessen, wie breit oder schmal sie läuft. Bei genauerem Hinsehen werden die einzelnen Buchstaben und ihre

Im winzigen Schriftgrad von 6 Punkt hat die Garamond ihren Charakter eingebüßt. Sie ist nur noch eine knubbelig-unruhige Schrift.

Dies ist ein Blindtext. An ihm lässt sich vieles ablesen über die Schrift, in der er gesetzt ist. Auf den ersten Blick wird der Grauwert der Schriftfläche sichtbar. Dann kann man prüfen, wie gut die Schrift zu lesen ist und wie sie auf den Leser wirkt. Man kann nachmessen, wie breit oder schmal sie läuft. Bei genauerem Hinsehen werden die einzelnen Buchstaben und ihre Besonderheiten erkennbar. Wenn man oft Schriften miteinander vergleicht, wird man sie wiedererkennen

Dies ist ein Blindtext.

Garamond in 10 und 24 Punkt. In diesen Größen zeigt sie ihren wahren Charakter, dem sie ihren dauerhaften Welterfolg verdankt.

Dies ist ein Blindtext. An ihm lässt sich vieles ablesen über die Schrift, in der er gesetzt ist. Auf den ersten Blick wird der Grauwert der Schriftfläche sichtbar. Dann kann man prüfen, wie gut die Schrift zu lesen ist und wie sie auf den Leser wirkt. Man kann nachmessen, wie breit oder schmal sie läuft. Bei genauerem Hinsehen werden die einzelnen Buchstaben und ihre Besonderheiten erkennbar. Natürlich spielt für die Lesbarkeit und die Wirkung einer Schrift auch

Dies ist ein Blindtext.

Auch fett bleibt die Garamond die Garamond, obwohl Claude Garamond, als er vor über 450 Jahren seine Schrift herausbrachte, kaum an eine halbfette Version gedacht haben dürfte.

Viele Schriften tragen den Namen Garamonds, obwohl sie recht verschieden aussehen und von verschiedenen Herstellern bearbeitet wurden.

TIMES NEW ROMAN

Dies ist ein Blindtext. An ihm lässt sich vieles ablesen über die Schrift, in der er gesetzt ist. Auf den ersten Blick wird der Grauwert der Schriftfläche sichtbar. Dann kann man prüfen, wie gut die Schrift zu lesen ist und wie sie auf den Leser wirkt. Man kann nachmessen, wie breit oder schmal sie läuft. Bei genauerem Hinsehen werden die einzelnen Buchstaben und ihre

Die Times ist auch noch in 6 Punkt die Times, eine erstaunlich strapazierfähige Gebrauchsschrift.

Dies ist ein Blindtext. An ihm lässt sich vieles ablesen über die Schrift, in der er gesetzt ist. Auf den ersten Blick wird der Grauwert der Schriftfläche sichtbar. Dann kann man prüfen, wie gut die Schrift zu lesen ist und wie sie auf den Leser wirkt. Man kann nachmessen, wie breit oder schmal sie läuft. Bei genauerem Hinsehen werden die einzelnen Buchstaben und ihre Besonderheiten erkennbar. Wenn man oft Schriften miteinander vergleicht, wird man sie wiedererkennen und sogar benennen können. Natür-

Dies ist ein Blindtext.

In dieser Form gibt sie seit 1932 den Maßstab für Zeitungsschriften. Seitdem hat sie den eigenen Aktionsradius unendlich erweitert.

Dies ist ein Blindtext. An ihm lässt sich vieles ablesen über die Schrift, in der er gesetzt ist. Auf den ersten Blick wird der Grauwert der Schriftfläche sichtbar. Dann kann man prüfen, wie gut die Schrift zu lesen ist und wie sie auf den Leser wirkt. Man kann nachmessen, wie breit oder schmal sie läuft. Bei genauerem Hinsehen werden die einzelnen Buchstaben und ihre Besonderheiten erkennbar. Wenn man oft Schriften miteinander vergleicht, wird man sie wiedererkennen

Dies ist ein Blindtext.

Die fette Times ist eine besonders schwer lesbare Schrift – trotz ihres guten Namens. Ich vermeide es nach Möglichkeit, sie einzusetzen, nicht für Auszeichnungen und schon gar nicht für mehrere Zeilen.

Es gibt auch von der Times viele verschiedene Schnitte höchst unterschiedlicher Qualität.

Dick und Dünn

Der Sinn der Sache ist es, bewusst zu machen, dass ein guter (Schrift-)Name noch lange nicht Qualität verbürgt.

Es muss immer wieder aufs Neue geprüft werden, ob eine Schrift in dieser oder jener Größe oder Fette hält, was ihr guter Name verspricht, ob sie funktioniert.

Dazu kommen natürlich die vielen anderen Komponenten, auf die zum Teil in »Wegweiser Schrift« und vor allem in »Erste Hilfe in Typografie« hingewiesen wird.

GILL SANS

Dies ist ein Blindtext. An ihm lässt sich vieles ablesen über die Schrift, in der er gesetzt ist. Auf den ersten Blick wird der Grauwert der Schriftfläche sichtbar. Dann kann man prüfen, wie gut die Schrift zu lesen ist und wie sie auf den Leser wirkt. Man kann nachmessen, wie breit oder

Gill Sans Regular, 6 Punkt

Dies ist ein Blindtext. An ihm lässt sich vieles ablesen über die Schrift, in der er gesetzt ist. Auf den ersten Blick wird der Grauwert der Schriftfläche sichtbar. Dann kann man prüfen, wie gut die Schrift zu lesen ist und wie sie auf den Leser wirkt. Man kann nachmessen, wie breit oder schmal sie läuft. Bei

Gill Sans Light, 6 Punkt

Dies ist ein Blindtext. An ihm lässt sich vieles ablesen über die Schrift, in der er gesetzt ist. Auf den ersten Blick wird der Grauwert der Schriftfläche sichtbar. Dann kann man prüfen, wie gut die Schrift zu lesen ist und wie sie auf den Leser wirkt. Man kann nachmessen, wie breit oder schmal sie läuft. Bei genauerem Hinsehen werden die einzelnen Buchstaben und ihre Besonderheiten erkennbar. Wenn so

Die normale Gill ist kraftvoll und etwas ruppig, eigen-artig und doch nicht aufdringlich. Weltweit bewährt.

Dies ist ein Blindtext. An ihm lässt sich vieles ablesen über die Schrift, in der er gesetzt ist. Auf den ersten Blick wird der Grauwert der Schriftfläche sichtbar. Dann kann man prüfen, wie gut die Schrift zu lesen ist und wie sie auf den Leser wirkt. Man kann nachmessen, wie breit oder schmal sie läuft. Bei genauerem Hinsehen werden die einzelnen Buchstaben und ihre Besonderheiten erkennbar. Wenn man oft Schrif-

Die Gill Light hat zwar den Namen und die Grundformen der Gill, aber sie hat nichts von ihrem Charakter.

Die Gill ist anämisch geworden.

Dies ist ein Blindtext. An ihm lässt sich vieles ablesen über die Schrift, in der er gesetzt ist. Auf den ersten Blick wird der Grauwert der Schriftfläche sichtbar. Dann kann man prüfen, wie gut die Schrift zu lesen ist und wie sie auf den Leser wirkt. Man kann nachmessen, wie breit oder schmal sie läuft. Bei genauerem Hinsehen werden die einzelnen

Gill Sans Bold, 10 Punkt

Im fetten Schnitt verstärkt die Gill noch ihren persönlichen Charakter.

NEUE HELVETICA

Dies ist ein Blindtext. An ihm lässt sich vieles ablesen über die Schrift, in der er gesetzt ist. Auf den ersten Blick wird der Grauwert der Schriftfläche sichtbar. Dann kann man prüfen, wie gut die Schrift zu lesen ist und wie sie auf den Leser wirkt. Man kann nachmessen

Neue Helvetica Regular, 6 Punkt

Dies ist ein Blindtext. An ihm lässt sich vieles ablesen über die Schrift, in der er gesetzt ist. Auf den ersten Blick wird der Grauwert der Schriftfläche sichtbar. Dann kann man prüfen, wie gut die Schrift zu lesen ist und wie sie auf den Leser wirkt. Man kann nachmessen

Neue Helvetica Light, 6 Punkt

Dies ist ein Blindtext. An ihm lässt sich vieles ablesen über die Schrift, in der er gesetzt ist. Auf den ersten Blick wird der Grauwert der Schriftfläche sichtbar. Dann kann man prüfen, wie gut die Schrift zu lesen ist und wie sie auf den Leser wirkt. Man kann nachmessen, wie breit oder schmal sie läuft. Erst bei genauerem Hinsehen werden die einzelnen

Neue Helvetica Regular, 10 Punkt

Dies ist ein Blindtext. An ihm lässt sich vieles ablesen über die Schrift, in der er gesetzt ist. Auf den ersten Blick wird der Grauwert der Schriftfläche sichtbar. Dann kann man prüfen, wie gut die Schrift zu lesen ist und wie sie auf den Leser wirkt. Man kann nachmessen, wie breit oder schmal sie läuft. Bei genauerem Hinsehen werden die einzelnen Buchstaben und ihre

Neue Helvetica Light, 10 Punkt

Dies ist ein Blindtext. An ihm lässt sich vieles ablesen über die Schrift, in der er gesetzt ist. Auf den ersten Blick wird der Grauwert der Schriftfläche sichtbar. Dann kann man prüfen, wie gut die Schrift zu lesen ist und wie sie auf den Leser wirkt. Man kann nachmessen, wie breit oder schmal sie läuft. Bei genauerem Hinsehen werden die einzelnen

Neue Helvetica Medium, 10 Punkt

6 Punkt oder 10 Punkt, leicht, normal oder halbfett (um nur drei Beispiele zu nennen). Die Helvetica ist nicht umzubringen.

Sie behält unerschütterlich ihren kühlen Charakter und ihre universelle Brauchbarkeit.

Schrift und Zeilenabstand

Bei den PC-Programmen gibt es eine Einstellung »einfacher« oder »normaler« Zeilenabstand (ZAB). Dem muss man misstrauen. Was ist »normal«? Normal ist oft nicht optimal. Der richtige, das heißt der das Lesen nicht behindernde Zeilenabstand ist von der Schrift abhängig.

Schriften mit ausgeprägter Zeilenführung brauchen einen geringeren ZAB als Schriften, bei denen die senkrechten Linien betont sind.
Schriften mit großer Mittellänge brauchen in den meisten Fällen einen größeren ZAB als Schriften mit »ausgewachsenen« Ober- und Unterlängen. In aller Regel ist aber davon auszugehen, dass ein Durchschuss von einem Punkt zu wenig ist. (Zum Unterschied der Bezeichnungen Durchschuss und Zeilenabstand siehe Seite 101). Aber auch hier gibt es kein allgemein gültiges Rezept, sondern nur Einzelfälle.

Die Testperson sind Sie selbst. Probieren Sie, bevor Sie sich festlegen, ob Sie Ihren Text lieber mit größerem oder mit kleinerem Zeilenabstand lesen. Vielleicht ist das Ergebnis sogar ein Wechsel der Schrift.

Dies ist ein Blindtext. An ihm lässt sich vieles ablesen über die Schrift, in der er gesetzt ist. Auf den ersten Blick wird der Grauwert der Schriftfläche sichtbar. Dann kann man prüfen, wie gut die Schrift zu lesen ist und welche Wirkung sie auf den Leser hat.

Times: Schriftgröße 9pt / Zeilenabstand 10,5pt

Dies ist ein Blindtext. An ihm lässt sich vieles ablesen über die Schrift, in der er gesetzt ist. Auf den ersten Blick wird der Grauwert der Schriftfläche sichtbar. Dann kann man prüfen, wie gut die Schrift zu lesen ist und welche Wirkung sie auf den Leser hat.

Times: 9pt / 12pt

Die Times wurde dazu entworfen, auch unter schwierigen Bedingungen noch gut lesbar zu bleiben, auch bei geringem Durchschuss. Dennoch – der Vergleich der beiden Textblöcke beweist es – tut ihr ein größerer Durchschuss gut.

Dies ist ein Blindtext. An ihm lässt sich vieles ablesen über die Schrift, in der er gesetzt ist. Auf den ersten Blick wird der Grauwert der Schriftfläche sichtbar. Dann kann man prüfen, wie gut die Schrift zu lesen ist und welche Wirkung sie auf den Leser hat.

Arial: 9pt / 11pt

Dies ist ein Blindtext. An ihm lässt sich vieles ablesen über die Schrift, in der er gesetzt ist. Auf den ersten Blick wird der Grauwert der Schriftfläche sichtbar. Dann kann man prüfen, wie gut die Schrift zu lesen ist und welche Wirkung sie auf den Leser hat.

Arial: 9pt / 12,5pt

Wenn die Arial auch nur etwas zu weit gesetzt wird (wir haben »löcherigen« Satz imitiert), ist es vorbei mit der Lesbarkeit. Dann ist der Wortabstand so groß wie der Zeilenabstand und das Auge möchte mitlesen, was in der Zeile darüber und darunter steht. Wenn der Durchschuss vergrößert wird, ist die Gefahr gebannt. Löcheriger Satz bleibt dennoch schlechter Satz.

Dies ist ein Blindtext. An ihm lässt sich vieles ablesen über die Schrift, in der er gesetzt ist. Auf den ersten Blick wird der Grauwert der Schriftfläche sichtbar. Dann kann man prüfen, wie gut die Schrift zu lesen ist und welche Wirkung sie auf den Leser hat.

Palatino: 9pt / 10,5pt

Dies ist ein Blindtext. An ihm lässt sich vieles ablesen über die Schrift, in der er gesetzt ist. Auf den ersten Blick wird der Grauwert der Schriftfläche sichtbar. Dann kann man prüfen, wie gut die Schrift zu lesen ist und welche Wirkung sie auf den Leser hat.

Palatino: 9pt / 12pt

Die Palatino hat von den hier gezeigten Schriften die beste Zeilenführung und braucht folglich am wenigsten Durchschuss. Das ist typisch für die »dynamischen« Schriften (Seite 50). Doch auch bei ihr und ihren Verwandten gilt, dass ein wenig mehr Durchschuss der Lesbarkeit nützt.

Dies ist ein Blindtext. An ihm lässt sich vieles ablesen über die Schrift, in der er gesetzt ist. Auf den ersten Blick wird der Grauwert der Schriftfläche sichtbar.

Garamond cond.: 9pt / 10pt

Dies ist ein Blindtext. An ihm lässt sich vieles ablesen über die Schrift, in der er gesetzt ist. Auf den ersten Blick wird der Grauwert der Schriftfläche sichtbar.

Garamond cond.: 9pt / 11pt

Schmale Schriften sollte man nur für kurze Zeilen einsetzen. Dann brauchen sie, trotz der senkrechten Augenführung, wenig Durchschuss (siehe rechte Seite).

Dies ist ein Blindtext. An ihm lässt sich vieles ablesen über die Schrift, in der er gesetzt ist. Auf den ersten Blick wird der Grauwert der Schriftfläche sichtbar.

Offcina: 9pt / 10pt

Dies ist ein Blindtext. An ihm lässt sich vieles ablesen über die Schrift, in der er gesetzt ist. Auf den ersten Blick wird der Grauwert der Schriftfläche sichtbar.

Offcina: 9pt / 11pt

Die Offcina ist dazu angelegt, auch bei geringem Durchschuss gut lesbar zu bleiben – sogar bei längeren Zeilen. Doch auch ihr tut ein wenig Luft zwischen den Zeilen gut.

Satzbreite und Zeilenabstand

Ist der Zeilenabstand von 11 Punkt bei einer 10-Punkt-Schrift optimal? Auf der linken Seite wurde nachgewiesen, dass es auf die Schrift ankommt.

Ist bei dieser Garamond ein Zeilenabstand von 12,5 Punkt optimal? Auch das lässt sich nicht eindeutig beantworten, es kommt auf die Satzbreite an.

Bei 81 mm Satzbreite ist der ZAB von 11 Punkt gerade noch zu ertragen. Der ZAB von 12,5 ist optimal, bei noch größerem ZAB (wie rechts) verliert das Ganze seinen Zusammenhalt, so etwas kann man nur unter besonderen Umständen wagen.

Dies ist ein Blindtext. An ihm lässt sich vieles ablesen über die Schrift, in der er gesetzt ist. Auf den ersten Blick wird der Grauwert der Schriftfläche sichtbar. Dann kann man prüfen, wie gut die Schrift zu lesen ist und wie sie auf den Leser wirkt. Man kann nachmessen, wie breit oder wie schmal sie

ZAB 11pt

Dies ist ein Blindtext. An ihm lässt sich vieles ablesen über die Schrift, in der er gesetzt ist. Auf den ersten Blick wird der Grauwert der Schriftfläche sichtbar. Dann kann man prüfen, wie gut die Schrift zu lesen ist und wie sie auf den Leser wirkt. Man kann nachmessen, wie breit oder wie schmal sie

ZAB 12,5pt

Dies ist ein Blindtext. An ihm lässt sich vieles ablesen über die Schrift, in der er gesetzt ist. Auf den ersten Blick wird der Grauwert der Schriftfläche sichtbar. Dann kann man prüfen, wie gut die Schrift zu lesen ist und wie sie auf den Leser wirkt. Man kann nachmessen, wie breit oder wie schmal sie

ZAB 14pt

Bei einer Satzbreite von 126 mm sieht das anders aus. Da ist der ZAB von 11 Punkt unerträglich. Der ZAB von 12,5 Punkt (der bei 81 mm Satzbreite optimal war) ist hier zu gering. Das Auge könnte beim Rückweg den Anfang der nächsten Zeile verpassen. Der größere ZAB bietet mehr Sicherheit.

Dies ist ein Blindtext. An ihm lässt sich vieles ablesen über die Schrift, in der er gesetzt ist. Auf den ersten Blick wird der Grauwert der Schriftfläche sichtbar. Dann kann man prüfen, wie gut die Schrift zu lesen ist und wie sie auf den Leser wirkt. Man kann nachmessen, wie breit oder schmal sie läuft. Bei genauerem Hinsehen werden die einzelnen Buchstaben und ihre Besonderheiten erkennbar. Wenn man oft Schriften miteinander vergleicht, wird man sie bald

ZAB 11pt

Dies ist ein Blindtext. An ihm lässt sich vieles ablesen über die Schrift, in der er gesetzt ist. Auf den ersten Blick wird der Grauwert der Schriftfläche sichtbar. Dann kann man prüfen, wie gut die Schrift zu lesen ist und wie sie auf den Leser wirkt. Man kann nachmessen, wie breit oder schmal sie läuft. Bei genauerem Hinsehen werden die einzelnen Buchstaben und ihre Besonderheiten erkennbar. Wenn man oft Schriften miteinander vergleicht, wird man sie bald

ZAB 12,5pt

Dies ist ein Blindtext. An ihm lässt sich vieles ablesen über die Schrift, in der er gesetzt ist. Auf den ersten Blick wird der Grauwert der Schriftfläche sichtbar. Dann kann man prüfen, wie gut die Schrift zu lesen ist und wie sie auf den Leser wirkt. Man kann nachmessen, wie breit oder schmal sie läuft. Bei genauerem Hinsehen werden die einzelnen Buchstaben und ihre Besonderheiten erkennbar. Wenn man oft Schriften miteinander vergleicht, wird man sie bald

ZAB 14pt

Bei der Satzbreite von 38 mm (natürlich im Flattersatz) ist der ZAB, der bei der größeren Satzbreite viel zu gering war, durchaus angemessen. Bei den größeren Zeilenabständen zerfällt der Zeilenzusammenhang.

Fazit:
Je länger die Zeile, umso größer muss der Zeilenabstand sein.
Je kürzer die Zeile, desto geringer kann der Zeilenabstand sein.

Dies ist ein Blindtext. An ihm lässt sich vieles ablesen über die Schrift, in der er gesetzt ist. Auf den ersten Blick wird der Grauwert der Schriftfläche sichtbar.

ZAB 11pt

Dies ist ein Blindtext. An ihm lässt sich vieles ablesen über die Schrift, in der er gesetzt ist. Auf den ersten Blick wird der Grauwert der Schriftfläche sichtbar.

ZAB 12,5pt

Dies ist ein Blindtext. An ihm lässt sich vieles ablesen über die Schrift, in der er gesetzt ist. Auf den ersten Blick wird der Grauwert der Schriftfläche sichtbar.

ZAB 14pt

Schmalmager bis Breitfett

Bisher wurde nur von der Lesbarkeit »normaler« Schriftschnitte gesprochen. Die Schrifthersteller bieten uns aber auch magere und fette, schmale und breite Schriften aller Art an.
Wozu diese Varianten? Was soll ein Typograf damit anfangen? Er soll sie nicht deshalb einsetzen, weil es ihm Spaß macht, sondern dann, wenn es nötig und sinnvoll ist.

Schmale Schriften sind dazu da, besonders viel Text in der Zeile oder Fläche unterzubringen. Aber Vorsicht, sie sind oft schlechter lesbar.
Fette Schriften sollen auffallen, breitfette erst recht. Doch wenn alles breitfett ist, fällt nichts mehr auf.
Magere Schriften sollen den Kontrast zu anderen Gestaltungselementen verstärken. Aber auf weißem Papier sind sie schlecht lesbar.
Jede typografische Besonderheit hat Nebenwirkungen. Wir müssen immer aufs Neue prüfen, ob die Sache es wert ist.

Satzbeispiel

Dies ist ein Blindtext. An ihm lässt sich vieles ablesen über die Schrift, in der er gesetzt ist. Auf den ersten Blick wird der Grauwert der Schriftfläche sichtbar. Dann kann man prüfen, wie gut die Schrift zu lesen ist und wie sie

Der normale Schnitt einer Schrift ist der Ausgangspunkt für ihre Formgebung und der Maßstab für ihre Lesbarkeit.

Satzbeispiel

Dies ist ein Blindtext. An ihm lässt sich vieles ablesen über die Schrift, in der er gesetzt ist. Auf den ersten Blick wird der Grauwert der Schriftfläche sichtbar. Dann kann man prüfen, wie gut die Schrift zu lesen ist und wie sie auf den Leser wirkt. Man kann nachmessen, wie breit oder schmal sie läuft. Bei genauerem Hinsehen erkennt man

Bei extrem schmalen Schriften ist das Wortbild wegen der »Gartenzaunwirkung« schwer erfassbar. Das schadet der Lesbarkeit.

Satzbeispiel

Dies ist ein Blindtext. An ihm lässt sich vieles ablesen über die Schrift, in der er gesetzt ist. Auf den ersten Blick wird der Grauwert der Schriftfläche sichtbar.

Bei extrem breiten und fetten Schriften sind die Wortbilder oft nicht mehr »auf einen Blick« zu erfassen. Mehrzeilige Texte sind nicht gut lesbar.

Satzbeispiel

Dies ist ein Blindtext. An ihm lässt sich vieles ablesen über die Schrift, in der er gesetzt ist. Auf den ersten Blick wird der Grauwert der Schriftfläche sichtbar. Dann kann man prüfen, wie gut die Schrift zu lesen ist und wie sie auf den

Das zarte Grau einer feinen Schrift dient mehr der Ästhetik als der Lesefunktion.

VORSICHT LEBENSGEFAHR

Vorsicht Lebensgefahr

V O R S I C H T   L E B E N S G E F A H R

Vorsicht Lebensgefahr

Welches der Warnschilder erfüllt seinen Zweck am besten?

Die (mitunter lebenswichtige) Erkennbarkeit von Wortbildern hängt nicht nur von der Schriftgröße ab, sondern von der eindeutigen Erfassbarkeitdes Wortbildes. Auch Sperrung verringert das. Man muss genau prüfen, ob und wann das Abweichen von der »normalen« Schrift sinnvoll ist.

Drei der beliebtesten Fehler

Das Kreuz mit dem scharfen ß

Wie konnte ein Kleinbuchstabe unter die Großbuchstaben geraten? Wir schreiben doch auch nicht WaRum? Weil die Amerikaner diesen Buchstaben nicht kennen, aber die Satzprogramme gemacht haben – und wir folgen ihnen brav und machen es falsch.

ẞ

(Das mittlerweile im Unicode vorhandene Versal-ß ist unter Typografen sehr umstritten und selten verwendet).

SS

Etliche Schriftgestalter packen auf den Unicode-Platz des Versal-ß direkt ein doppeltes Versal.

WARUM BELLEN,
WENN MAN AUCH
BEIßEN KANN

Unter Versalien hat das ß nichts zu suchen, auch wenn es in die Anzeige einer Weltfirma für Autoreifen gerät.

BEI IHRER BESTELLUNG AM 21.
MUßTEN WIR EINEN LIEFERAUF:
BERECHNEN. UNSER MINDESTBE

Nadeldrucker-Kapitälchen mit falschem ß. Ein Genuss für Fehlersammler.

WEIBWEINESSIG
MIT SAFRAN

Noch schöner das Essig-Etikett aus der Normandie, wo man offensichtlich diesen Buchstaben auch nicht so ganz verstanden hat.

Schaufenster-Deko-Beschriftung. Ein falscher Kleinbuchstabe in den Kapitälchen. Richtig: GRÖSSE

Das Leid mit den falschen Strichen

Ein Trennungsstrich ist kein Gedankenstrich. Aber kuppeln kann er, dann ist er ein Bindestrich.

Zwanzig Jahre steht er auf der Bühne – zum dritten Mal auf den Brettern des Fresche Keller - Grund zu Feiern mit einem Jubiläums-Soloprogramm!

zeigte Kampfgeist und konnte im Gedränge eine Unterschrift des Werbestars - mit schwarzem Filzstift auf unserer aktuellen Äppler-Ausgabe verewigt - für unsere Leser ergattern.

Ein Divis (Trennungsstrich) ist ein kurzer Strich, der Wörter trennen (am Zeilenende) und verbinden kann (beim Kuppel-Wort).
Ein Gedankenstrich ist ein langer Strich, der einen Einschub kennzeichnet. Beim obigen Beispiel gibt es sogar einen richtigen und einen falschen Gedankenstrich.

Die Qual mit den falschen Anführungen

Es gibt zahlreiche Möglichkeiten, es falsch zu machen. Sie werden alle genutzt. (Siehe auch Seite 101.)

UMZUGSKISTEN
“MULTI-BOX-X”

"ERDE"

der >>Neuen Sachlichkeit<< Berlin

dem Erlös dieser Sammlung wer
z. B.>>Essen auf Rädern<<, Mo
ugendarbeit des Arbeiter-Samar

Deutsche Anführungen (Gänsefüßchen) sind so richtig: „Begriff“ (in Worten: ❞ neunundneunzig – unten, sechsundsechzig ❝ – oben). Bei Grotesk-Schriften sieht das so aus: „Begriff“.
Bei Versalzeilen ist ”BEGRIFF” tolerierbar, niemals aber “BEGRIFF” wie beim Beispiel nebenan.

Als bessere Alternative schlagen wir französische »Anführungen« vor. Bei den beiden gutgemeinten, aber katastrophalen Beispielen wurden »diese« Anführungen durch mathematische Zeichen limitiert. Je nach Temperament kann man das komisch oder haarsträubend finden.

Auf den weiteren Umgang mit Strichen, Anführungen und vielen anderen Details wird in »Erste Hilfe in Typografie« und in »Detailtypografie« eingegangen.

Verzerrt, verschieft und verbogen

Würden Sie so etwas auch mit dem Foto Ihres Freundes oder Ihrer Freundin machen? Die würden Ihnen ganz schön auf die Finger klopfen!
Aber mit unseren Schriften wird so etwas ständig gemacht.
Die guten Schriftkünstler haben die Formen und Proportionen ihrer Schriften ebenso sorgfältig ausgearbeitet wie Leonardo da Vinci seine Mona Lisa.
Wer zum Beispiel Adrian Frutigers Schriften verzerrt (von ihm stammt das Mona-Lisa-Beispiel), der verunstaltet sie.
Auf den ersten Blick merkt man vielleicht nicht sogleich, was man den Schriften durch Verzerren antut, aber der Vergleich macht es anschaulich.

OCTOPUSSI

Die Frutiger Condensed. Sie ist vom Schrifthersteller im Sinne des Frutiger-Familienkonzeptes sorgfältig in den Proportionen und den Linienstärken ausgewogen.

OCTOPUSSI

Die Frutiger, vom Schriftanwender künstlich verschmälert. Die senkrechten Linien werden dadurch dünner, die waagerechten behalten ihre Strichstärke und wirken dadurch zu fett. Das Schriftbild ist verfälscht.

OCTOPUSSI

Je mehr eine Schrift verschmälert wird, desto mehr werden ihre Formen und Proportionen, die einst mit so viel Mühe und Sorgfalt erarbeitet wurden, entstellt.

OCTOPUSSI

Das ist, als ob man die Mona Lisa in die Länge gezogen hätte. Aber nicht nur extreme, auch minimale Verzerrungen schaden der Schrift.

Lexicon	TheSans
Kursive	*Kursive*
Kursiviert	*Kursiviert*

Oben die geradestehende Schrift.
Darunter die vom Schriftentwerfer gestaltete Kursive.
Unten die per Computerknopfdruck schräggestellte Schrift, die mit der »echten« Kursiven nicht viel zu tun hat. Damit man sich bewusst wird, dass der Schrift damit Gewalt angetan wird, habe ich hierfür den Begriff »verschieft« vorgeschlagen.

Die Kursive ist eine Schwester der geradestehenden Schrift. Sie hat eigene Formen, z. B. ***e*** statt **e**, ***a*** statt **a**, häufig ***g*** statt **g**.

Doch Vorsicht, es gibt auch Schriften, bei denen die Buchstabenformen der Kursiven denen der Geradestehenden entsprechen. Sie werden »oblique« genannt. Auch das sind keine einfachen Computer-Verzerrungen, sondern eigens durchgestaltete Schriften.

Verzerrt, verschieft und verbogen

Verzerren tut nicht nur der Mona Lisa weh, sondern auch der Schrift. Modefotografen mögen ihre Models – wenn ihnen die Originale immer noch nicht schlank genug sind – auf diese Weise noch dünner werden lassen. Mode-Typografen mögen die Schriften verzerren, weil sie mit den Originalen nicht zurechtkommen. Wir aber sollten unsere Schrift-Partner nicht verzerren.

Doch damit nicht genug. Wir können uns ein Programm kaufen und damit die Schriften nicht nur verschiefen, sondern nach links kippen, in jeder Richtung schattieren, outline setzen, den Schriftkörper ornamentieren nach Belieben, und das alles im Rundsatz oder Schlangenliniensatz.

Was soll ein Typograf mit all diesen unbegrenzten Möglichkeiten anfangen? Er soll die Finger davon lassen.

Die Schriftentwerfer plagen sich lange und gründlich, um brauchbare Varianten zu ihren Grundschriften zu entwickeln. Wir sollten nicht so tun, als ob wir das auf Knopfdruck besser machen könnten als die Profis.

Den Schriften nicht wehtun!

Hier sind Beispiele gesammelt, wie wir sie täglich aus dem Briefkasten fischen können. Sie sollen **nicht zur Nachahmung** auffordern, sondern zur Abschreckung dienen.

Brutale Verzerrung. Die armen Kleinen, l und i, müssen mager bleiben.

Verzerrt und verschattet. Jetzt fehlen nur noch die Blümchen im Körper der armen Buchstaben.

Das ist eine berühmte Jugendstilschrift, die »Arnold Böcklin«. Leider sehr schlecht gedruckt. Diese Schrift kennt ursprünglich keine Kursive. Ihre Kursivierung kommt einer Vergewaltigung gleich.

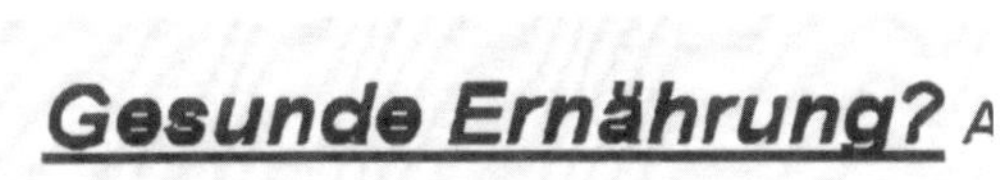

Eine krankmachend verschiefte Grotesk mit gewalttätiger Unterstreichung.

Da hat es mit dem Schatten des seinen Rahmen sprengenden Wortes nicht ganz gepasst.

Misslungener Outline-Satz, misslungener Bogensatz: Buchstabenabstand zu eng, Wortabstand unterschiedlich, Bögen nicht zentriert.

Auf den ersten Blick »toll«, beim zweiten erkennt man das miserable Handwerk: die beiden kleinen m haben den Kontakt verloren.

Hände weg von solchen Typo-Späßchen!

Lesbarkeitsvergleich

Neun Beispiele, wie man es nicht machen soll. Aus Fehlern, auch aus Fehlern anderer, lässt sich oft mehr lernen als aus reifen Vorbildern. Es sind Beispiele aus der Alltagspraxis, alle in Originalgröße abgebildet. Ausschnitte aus kleineren Textmengen.

Dies ist ein Blindtext. An ihm lässt sich vieles ablesen über die Schrift, in der er gesetzt ist. Auf den ersten Blick wird der Grauwert der Schriftfläche sichtbar. Dann kann man prüfen, wie gut die Schrift zu lesen ist und wie sie auf den Leser wirkt. Man kann nachmessen, wie breit oder schmal sie läuft. Bei genauerem Hinsehen werden die einzelnen Buchstaben und ihre Besonderheiten erkennbar. Natürlich spielt für die Lesbarkeit und die Wirkung einer Schrift auch eine Rolle, wie groß oder wie klein sie gesetzt ist, wie die Typografie gestaltet ist und worauf sie

Minion Regular
Größe: 10 pt
ZAB: 12,5 pt
Satzbreite: 99 mm

Zuvor aber als Maßstab zwei positive Beispiele. Eine Antiqua (im Blocksatz) und eine Grotesk (Flattersatz), so gesetzt, wie ich solche Schriften lesen möchte.

Dies ist ein Blindtext. An ihm lässt sich vieles ablesen über die Schrift, in der er gesetzt ist. Auf den ersten Blick wird der Grauwert der Schriftfläche sichtbar. Dann kann man prüfen, wie gut die Schrift zu lesen ist und wie sie auf den Leser wirkt. Man kann nachmessen, wie breit oder schmal sie läuft. Bei genauerem Hinsehen werden die einzelnen Buchstaben und ihre Besonderheiten erkennbar. Natürlich spielt für die Lesbarkeit und die Wirkung einer Schrift auch eine Rolle, wie groß oder wie klein sie gesetzt ist, wie die Typografie gestaltet ist und worauf sie gedruckt ist.

TheSans Regular
Größe: 9 pt
ZAB: 12 pt
Satzbreite: 101 mm

Aus einem kleinen Ausstellungskatalog. Die Lesbarkeit ist nicht gut. Für die langen Zeilen ist der Durchschuss zu gering, und zwar vor allem deshalb, weil bei dieser Schrift die Senkrechte so stark betont ist.

»Es gibt auf der Welt«, meinte Montesquieu (1689–1755) 1734, »gegenwärtig eine Republik, die fast niemand kennt und die insgeheim und in aller Stille täglich ihre Kräfte vermehrt. Wenn sie jemals diejenige Bedeutung, zu der ihre Klugheit sie bestimmt, erlangt, wird sie sich mit Sicherheit ändern«. Das tat die Schweiz anscheinend innerhalb von drei Jahrzehnten. 1764 war die kleine Unbekannte im Ansehen der Welt so gewachsen, daß sich Johann Jacob von Moser (1701–1785), seines Zeichens Rechtskonsulent der württembergischen Stände, veranlaßt fühlte zu schwärmen: »Es bestärket sich immer mehrers, daß Gott diesen Staat zu einem der größten Aufmerksamkeit würdigen Zeichen unserer Zeit, zum unläugbaren Zeichen der Möglichkeit gesetzt habe, das politische Wohl eines Staates mit dessen moralischen Wohl und Würde auf das innigste und dauerhafteste zu verbinden.« Europas

Ausschnitt aus einem Brief, der in einer Schrift geschrieben ist, die nicht für mehrzeilige Texte taugt (Avant-Garde Gothic). Die obendrein zu eng gesetzten Wortbilder sind nur schwer zu erfassen.

in den vergangenen Jahren die Geschäftsstelle und Zentrale des Verbands modernen Kommunikationsstrukturen angepaßt und „entstaubt".Dies sind Voraussetzungen für wichtige verbandspolitische Leitliniensetzungen programmatischer Natur, die gleichermaßen gesellschaftliche Außenwirkung, berufliche Perspektiven sowie die Entwicklung von Maßstäben und Standards für die Gestaltungs- und Beratungskompetenz

Aus einem CD-Begleitheft. Die Schrift ist zu fett und viel zu klein (es hätte genügend Platz gegeben).

ZWEITER AKT

(Am selben Ort, am selben Tag, kurz vor Sonnenuntergang. Dasselbe Bühnenbild, versehen mit zahlreichen gemalten Wiegen und sieben, in denen Neugeborene schlafen (Puppen). Im Vordergrund eine leere Wiege, an der sich ein übergroßes Tintenfaß, ein überlanger Federhalter, ein riesiger Kleistertopf und eine große Schere befinden. Ein Bündel Luftballons ist an der Auslage des Krämerladens befestigt. Wenn der Vorhang aufgeht, hält der Ehemann in jedem Arm ein Kind. Er trägt einen Schwesternkittel und geht auf und ab.)

50 mg-Filmtabletten: Zusammensetzung: 1 Filmtablette mit Bruchrille enthält 50 mg Sertralin als Hydrochlorid. **Anwendungsgebiete:** Zur Behandlung von Depressionen untersch
mit oder ohne Manien in der Vorgeschichte. Zwangsstörungen. Panikstörung mit oder ohne Agoraphobie. Zwangsstörungen bei Kindern und Jugendlichen. Posttraumatische Belastungs
n MAO-Hemmern (siehe „Warnhinweise und Vorsichtsmaßnahmen für die Anwendung"). Patienten mit unstabiler Epilepsie (siehe „Warnhinweise und Vorsichtsmaßnahmen für die Anwen
stearat, mikrokristalline Zellulose, Polyäthylenglykol, Polysorbate, Natriumstärkeglykolat, Titandioxid (E 171). Zulassungsinhaber: Pfizer Corporation Austria Ges.m.b.H., Wien. **Verschreib**
Vorsichtsmaßnahmen für die Anwendung, Wechselwirkungen mit anderen Arzneimitteln und sonstigen Wechselwirkungen sowie Nebenwirkungen sind der „Austria-

Aus einer Anzeige. Die Zeilen sind viel zu lang (das ist nur ein Ausschnitt!). Zwei oder drei Spalten wären lesbarer. Aber vielleicht soll man so etwas gar nicht gut lesen können.

Lesbarkeitsvergleich

Einladung zu einem Workshop. Die Sperrung zerreißt die Wortbilder. Der Text lässt allerdings vermuten, dass die schlechte Lesbarkeit künstlerische Absicht ist. Wenn es »nur« ums Lesen geht: Niemals sperren!

„Der Schrifttypus 'Irene Chicago' entwickelte sich aus dem Versuch heraus, die einzelnen Zeichen des Alphabets mit Hilfe von Zahlen zu reduzieren. Für die Zahl 5 steht ein Buchstabe, der Anfangsbuchstabe des Wortes fünf. D.h. ein Zeichen ist Träger für mehrere Bedeutungen. So bekommt der Text auch einen numerischen Charakter und wirkt code-artig verschlüsselt. Der Grundgedanke war, Buchstaben und Zahlen formal anzunähern, um mit weniger Zeichen auszukommen. Ich probierte, wieweit ich reduzieren konnte, um doch noch eine Lesbarkeit zu ermöglichen. Dies kam dem geplanten Buch sehr nahe, da ich die sehr persönlichen Texte nur einem neugierigen Leser gönnen wollte. Dem schnellen 'Durchblättern' wollte ich mit einem 'Schriftbild' antworten."

als der gerade zwanzigjährige Dmitrij Schostakowitsch an seiner 1. Sinfonie arbeitete – jenem Werk also, das ihm zum entscheidenden Durchbruch verhalf. Während die Sinfonie jedoch – trotz aller unübersehbaren kompositorischen Meisterschaft - noch weitgehend in den vorgezeichneten traditionellen Bahnen verlief, weisen die beiden Kammermusikstücke bereits deutlich auf den späteren Schostakowitsch hin. Allein mit der Wahl der Satztypen – langsamer Satz und Scherzo – werden emotionale Bereiche

Konzertprogramm, Ausschnitt. Nochmals die schlecht lesbare AvantGarde. Hier aber katastrophal löcherig gesetzt (vom falschen Gedankenstrich ganz abgesehen). Ein Beispiel für selbstgestrickte Laientypografie. So etwas zu verhindern, ist mein ganzes Bemühen!

auf reine B-Zell-Immunogene wie Polysaccharide nur unzureichend. Eine Routine-Impfung während der Schwangerschaft wird nicht empfohlen, da derzeit dazu keine Erfahrungen vorliegen. Die Impfung von Schwangeren sollte deshalb nur nach strenger Indikationsstellung bei vorliegendem Infektionsrisiko

Anzeige, Ausschnitt. Die Zeilen sind unterschiedlich auf die Blocksatzbreite gesperrt. Mir wird ganz schwindelig. Ein typografisches Infektionsrisiko. Richtig wäre: Flattersatz.

F.P. Messmer in FonoForum 8/89: „Von Langeweile, die sonst manchmal der Cembalomusik nachgesagt wird, keine Spur, vielmehr dürfte dies eine der interessanten Scarletti-Einspielungen auch im Vergleich mit der Klavierkonkurenz sein! Klangbild: Klar, gute Konturen, hohe Transparenz, vielfältige Schattierungen.

Programmzeitung. Eine hübsche, kleine (zu kleine?) Kursive, leider auf unruhigem Untergrund. Schade, ich kann gar nicht mehr herausbekommen, warum ich die CD kaufen soll.

Informationsblatt. Alles auf einmal: Eine durch Verzerrung schrecklich entstellte Schrift, unendlich lange Zeilen (mehr als 30 cm), kein Durchschuss, zu alledem auf einem rötlichgelblich fleckigen Untergrund gedruckt (der einmal Bild war). Typografie, die das Lesen verhindert.

Die SCHNITZEREIEN stellen in bunter Reihe Wappen alter Adelsges
Rechts neben der Tür zwei Figuren. Fides (Treue) und Temperantia (M
der Biebel, z. B. Die Heiligen Drei Könige, die Beschneidung Christi. N
stellungen aus dem Leben Tobias. Letztere wurden bereits als Werk ei
angesprochen. Die Textfragmente sind meist niederdeutsch, am Buffe
Buffets zwei große Wappentafeln mit Namen bekannter Geschlechter, z
gefügt ist eine geschnitzte Leiste mit den Städtewappen der „Die 6 v
Eichenholz und Nußbaum gelangt, aber auch Birn- und Pflaumenbaumh
te des Zimmers sind neueren Ursprungs, so die Szene um Potiphars W

Schriftgrößen-Bezeichnungs-Chaos

Frage: Welches dieser
Beispiele ist im Schriftgrad
von 10pt gesetzt?
Antwort: Alle.
Alle sieben sind gleich groß,
sagt der Computer.
Sie sind nicht gleich groß,
das beweist der Augenschein.

Dies ist ein Blindtext. An ihm lässt sich vieles ablesen über die Schrift, in der er gesetzt ist. Auf den ersten Blick wird der Grauwert der Schriftfläche sichtbar.

10PT BEMBO

Dies ist ein Blindtext. An ihm lässt sich vieles ablesen über die Schrift, in der er gesetzt ist. Auf den ersten Blick wird der Grauwert der Schriftfläche sichtbar.

10PT ITC GARAMOND

Dies ist ein Blindtext. An ihm lässt sich vieles ablesen über die Schrift, in der er gesetzt ist. Auf den ersten Blick wird der Grauwert der Schriftfläche sichtbar.

10PT COCHIN

Dies ist ein Blindtext. An ihm lässt sich vieles ablesen über die Schrift, in der er gesetzt ist. Auf den ersten Blick wird der Grauwert der Schriftfläche.

10PT GOTHAM

Dies ist ein Blindtext. An ihm lässt sich vieles ablesen über die Schrift, in der er gesetzt ist. Auf den ersten Blick wird der Grauwert der Schriftfläche sichtbar.

10PT KABEL LT STD BOOK

Dies ist ein Blindtext. An ihm lässt sich vieles ablesen über die Schrift, in der er gesetzt ist. Auf den ersten Blick wird der Grauwert der Schriftfläche sichtbar.

10PT TIMES NEW ROMAN

Dies ist ein Blindtext. An ihm lässt sich vieles ablesen über die Schrift, in der er gesetzt ist. Auf den ersten Blick wird der Grauwert der Schriftfläche sichtbar.

10PT LINOTYPE TIMES EIGHTEEN

Die Schriftgröße wird von Oberlänge zu Unterlänge gemessen.

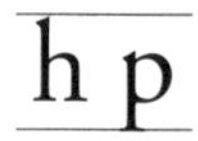

Entscheidend für das Schriftbild sind aber die Proportionen innerhalb dieses Maßes: die Verhältnisse von Mittel-, Ober- und Unterlänge.

Daraus erklärt sich die unterschiedliche Schriftgröße.
Die Maßangabe »10 Punkt« sagt gar nichts aus über die tatsächliche Größe einer Schrift.

Die beiden unteren Satzbeispiele zeigen, dass es sogar bei einer Schrift gleichen Namens, vom gleichen Schrifthersteller beim gleichen Schriftgrad Größenunterschiede geben kann.
Man kann also nicht sagen: eine 10-Punkt-Schrift ist lesefreundlicher als eine 9-Punkt- oder 11-Punkt-Schrift, weil es – wie dargestellt – eine einheitliche Schriftgröße »10 Punkt« nicht gibt.

Die Beispiele zeigen weiter, dass in die Zeilen gleicher Länge unterschiedliche Textmengen passen, obwohl sie alle in »10 Punkt« gesetzt sind.
Fazit: Das Auge bestimmt die Schriftgröße und nicht eine Maßangabe.

Wenn man aber nicht selbst setzt, sondern setzen lässt? Wie soll man dem Setzer sagen, wie groß die Schrift sein soll als durch eine Größenangabe in Punkt? Ich pflege mich auch dann nicht auf Größenangaben zu verlassen. Ich schicke ein Muster: so soll es aussehen. Wie sich der Schriftgrad nennt, interessiert mich nicht.

Das Chaos hat Tradition.
Bis zum 18. Jahrhundert hat jeder Schriftschneider seine Schriftgrößen festgelegt und benannt wie er wollte. Um 1800 führte François Ambroise Didot ein Maßsystem ein, das sich auf den »französischen Fuß« bezog. Er definierte die Schriftgrößen nach Punkten (1 Punkt = 0,37597 mm). Das waren stabile Maße, man wusste, woran man war.

Hamburg (8p)
Hamburg (9p)
Hamburg (10p)
Hamburg (12p)

Dann kam der Fotosatz und das Chaos war wieder vollkommen. Die einen gingen von der Höhe der Versalien aus, andere von Oberkante Oberlänge zu Unterkante Unterlänge, wieder andere von einem »imaginären Kegel«.
Der große Unterschied zum Bleisatz bestand darin, dass von nun an die Schriften in feinen Größenabstufungen gesetzt werden konnten. Das erhöhte den Reichtum an typografischen Möglichkeiten und die Unsicherheit gleichermaßen.

Hamburg
Hamburg
Hamburg
Hamburg
Hamburg
Hamburg
Hamburg
Hamburg
Hamburg

Und heute, beim Computersatz? Wir haben parallel Pica-Point (0,35147 mm), dtp-Point (0,35277 mm), Didot-Punkt (0,37597 mm) und Millimeter.
10pt ist nicht 10pt.
Die Unterschiede scheinen minimal zu sein, doch bei 42 Zeilen einer Buchseite zum Beispiel wirkt sich der kleine Unterschied schon spürbar aus.

Strichstärken-Bezeichnungs-Chaos

Hier ist eine Schrift in acht Strichstärken zu sehen. Wie würden Sie diese bezeichnen? Sie haben in jedem Fall Recht und Unrecht, denn jeder macht es anders, jeder wie es ihm einfällt. Es gibt kein verbindliches System.

In der mittleren Spalte sind die acht Stufen der Strichstärken bei der TheSans aufgereiht. Daneben stehen die Bezeichnungen, die ich bei der Durchsicht mehrerer Schriftmusterbücher gefunden habe.

Strichstärke	Extra Light, Fein, Light, Ultra Light, Thin
Strichstärke	Light Plain, Fein, Light, Leicht, Mager, Regular, 45
Strichstärke	Leicht, Light, Mager, Semi Light Plain, Book, Buch, Medium
Strichstärke	Normal, Buch, Mager, Medium, Plain, Regular, Werk, 55
Strichstärke	Medium, Book, Kräftig, Semi Bold
Strichstärke	Medium, Bold, Demi, Halbfett, Heavy, 65
Strichstärke	Bold, Halbfett, Dreiviertelfett, Fett, Extra Bold, Black, Heavy
Strichstärke	Black, Extra Black, Extrafett, Ultra, Ultra Bold
Strichstärke	Black, Extra Black, Extrafett, Ultra, Ultra Bold

Das letzte Beispiel ist aus der Frutiger gesetzt, die noch fetter aufzutreten wagt.

Nicht nur bei der Bezeichnung der Schriftgrößen gibt es Unsicherheit, erst recht bei der Bezeichnung der Strichstärken. Da werden nicht nur die Gepflogenheiten der verschiedenen Traditionen und Sprachen parallel nebeneinander und durcheinander verwendet. Es werden auch Schriftstärken gleicher oder ähnlicher Art unterschiedlich benannt. Manche Bezeichnungen werden sogar für optisch recht verschiedene Strichstärken verwendet.

Das Durcheinander ist kein Zufall.
Vor zweihundert Jahren war der halbfette Schnitt einer Schrift die Ausnahme, die Normale und die Kursive genügten.

Vor hundert Jahren gab es viele fette Schriften, aber die führten mehr oder weniger als »Akzidenz«-Schriften ein Eigenleben für Schlagzeilen, in Inseraten u. Ä. Die »Brotschriften« begnügten sich mit zwei Fetten.

In den 50er Jahren verlieh Adrian Frutiger seiner Univers immerhin vier verschiedene Strichstärken (die er mit einem Zahlensystem gliederte).

In den 60er Jahren brachten es die Thesis-Schriften auf acht Stärke-Stufen. Und bei der Myriad und ähnlichen Multiple-Master-Schriften können wir (wenn wir es können) die Strichstärken stufenlos verändern (siehe Seite 23). Kein Wunder, dass die Bezeichnungen nicht mehr mitkommen.

Es gilt das Gleiche wie bei den Schriftgraden: Wir müssen mit den Augen und dem Kopf entscheiden, wie fett oder mager wir unsere Schrift haben wollen und dabei nicht danach fragen, wie sie sich nennt. Zur Kommunikation mit anderen können nur Muster und keine Bezeichnungen dienen.

Klassifizierung

1608

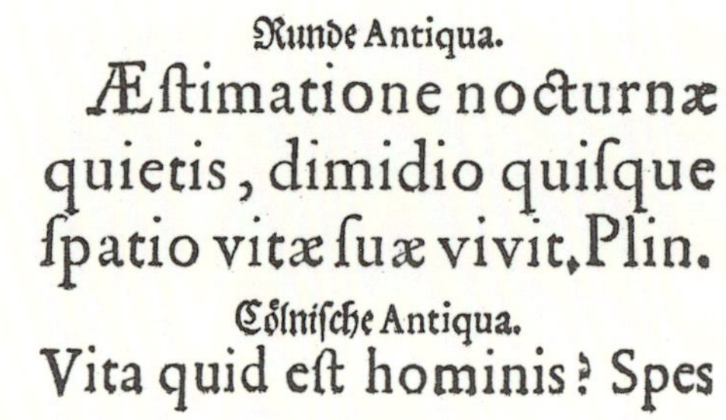
Runde Antiqua.
Æſtimatione nocturnæ quietis, dimidio quiſque ſpatio vitæ ſuæ vivit. Plin.
Cölniſche Antiqua.
Vita quid eſt hominis? Spes

1884

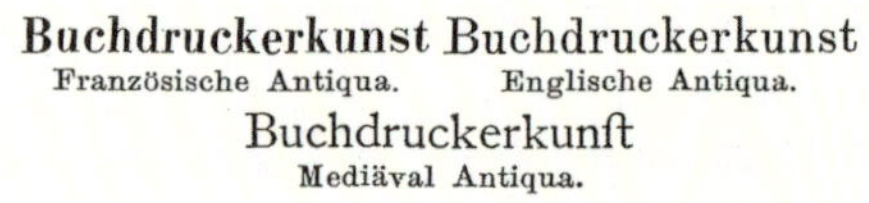
Buchdruckerkunst Buchdruckerkunst
Französische Antiqua. Englische Antiqua.
Buchdruckerkunſt
Mediäval Antiqua.

1911

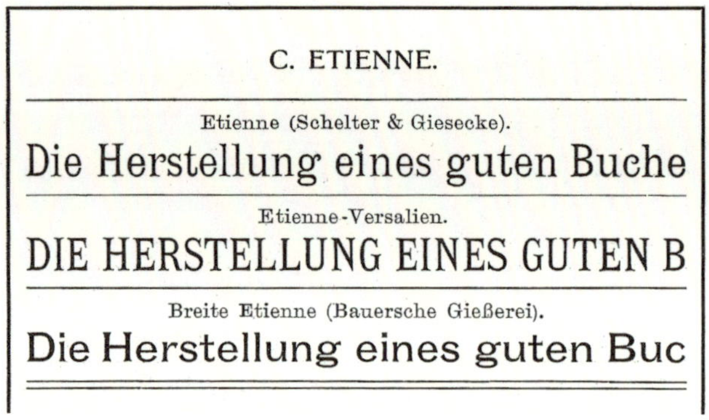
C. ETIENNE.

Etienne (Schelter & Giesecke).
Die Herstellung eines guten Buche

Etienne-Versalien.
DIE HERSTELLUNG EINES GUTEN B

Breite Etienne (Bauersche Gießerei).
Die Herstellung eines guten Buc

1921

LES QUATRE GRANDES FAMILLES CLASSIQUES

L'ANTIQUE
TRACÉ PRIMITIF SANS EMPATTEMENT
Relevée sur les inscriptions PHÉNICIENNES et réalisée en types mobiles au commencement du XIXe siècle.
M
Type de l'*Antique* ou *lettre bâton*.

L'ÉGYPTIENNE
1re TRANSFORMATION AVEC EMPATTEMENT *RECTANGULAIRE*
Relevée sur les inscriptions GRECQUES et réalisée en types mobiles au commencement du XIXe siècle.
M
Type de l'*Egyptienne* à traits bruts.

Le ROMAIN ELZÉVIR
2e TRANSFORMATION AVEC EMPATTEMENT *TRIANGULAIRE*
Relevé sur les inscriptions ROMAINES et réalisé en types mobiles à la fin du XVe siècle.
M
Type du *romain Garamond* ou *Elzévir*.

Le ROMAIN DIDOT
3e TRANSFORMATION AVEC EMPATTEMENT *A TRAIT FIN HORIZONTAL*
Principe innové par PHIL. GRANDJEAN et généralisé par F.-A. DIDOT au XVIIIe siècle.
M
Type du *romain Didot*.

Sous-Familles :

ÉGYTIENNE ANGLAISE
M
Caractéristique : *Arrondissement intérieur des angles d'empattement.*

Les ITALIENNES
M
Caractéristique : *Empattements renforcés. Traits intérieurs amaigris.*

Les LATINES
M
Caractéristique : *Empattement triangulaire horizontal adapté à la graisse de corps de l'Egyptienne angl.*

CLASSIQUE DIDOT
M
Caractéristique : *Ajouté d'empattements triangulaires sans modification de la finesse de trait des déliés.*

(1) L'EMPATTEMENT consiste dans la forme donnée à l'*attaque* ainsi qu'à la *terminaison* des jambages de la lettre. Il est la base de la classification des familles.

Les MONUMENTALES
M
Lettres d'inscriptions à pointes d'empattements vives et accentuées.

Les DE VINNE
M
Retour à la forme elzévirienne avec exagération des pleins.

Les HELLÉNIQUES
M
Traits bi-concaves réalisan. l'empattement triangulaire.

Ich hatte ein Schriftmusterbuch aus dem Anfang des 19. Jahrhunderts in der Hand, in dem eine ausführlich differenzierende Schriften-Übersicht zu finden war. Die verschiedenen Gruppen und Formen, Schnitte, Fetten – zahlreiche Unterscheidungen. Und dann gab es noch eine summarische Überschrift: Antiqua. Da gab es keine Unterteilungen mehr. Alles zuvor waren gebrochene Schriften (»Fraktur«). »Grotesk«-Schriften kamen überhaupt nicht vor.
Heute ist es umgekehrt.
Da wirft man alle »Fraktur«-Schriften in einen Topf und die Grotesk-Schriften sind dominant.
Bis zum 20. Jahrhundert zeigten die Schrifthersteller und Drucker in ihren Schriftmusterbüchern, was sie zu bieten hatten. Jeder ordnete die Schriften an wie er wollte und benannte sie nach Gutdünken. Ein Begriffs-Chaos. Offenbar war aber ein Bedürfnis nach einheitlichen Bezeichnungen vorhanden. Mehr noch: nach einer verständlichen Ordnung der Satzschriften, um sich in der Branche verständigen zu können.
Seit dem frühen 20. Jahrhundert bemühen sich deshalb die Fachleute, Ordnung in die steigende Schriftenflut zu bringen und erfinden Klassifizierungsmodelle. Die einen gingen streng von formalen Kriterien aus, wie die unten abgebildete Klassifizierung von F. Thibaudeau, von Schriften mit und ohne Serifen, den Dick-Dünn-Verhältnissen usw. Die anderen von historischen Gesichtspunkten wie »Renaissance-Antiqua«, »Barock-Antiqua« usw. Beide Methoden führten nicht zum Ziel einer eindeutigen Klassifizierung. Bei der DIN-Klassifizierung von 1964 wurden formale und historische Begriffe gemischt, was auch nicht zu völliger Klarheit führen konnte.
Wahrscheinlich ist die Welt der Schriften zu vielfältig und zu sehr dem Wandel unterworfen, um unmissverständlich und lückenlos in ein festes Klassifizierungs-Korsett gezwungen werden zu können.

Zwei Aspekte: Form und Stil

Ich mache mit diesem Kapitel nicht einen neuen Vorschlag für eine strenge, lückenlose Klassifizierung. Ich versuche nur, einen Wegweiser in der Flut der Schriften zu errichten, ohne Anspruch auf Vollständigkeit.

Die Schriften werden unter zwei Gesichtspunkten betrachtet. Nach ihrer **Form** und nach ihrem **Stil**. Das scheint kompliziert zu sein, erleichtert aber das Schriftverständnis und vor allem die Schriftwahl und die Schriftmischung. Die Bezeichnungen der Schriftgruppen wurden differenziert und zum Teil neu formuliert. Darauf wird auf den entsprechenden Seiten eingegangen.

Am Ende des Kapitels auf Seite 78/79 ist das Prinzip nochmals in einer Übersicht, einer »Matrix« dargestellt. Dadurch werden die Zusammenhänge auf einen Blick deutlich. (In Wirklichkeit ist natürlich alles viel komplizierter.)

Zusätzlich wird auf Seite 80/81 die noch gültige DIN-Klassifizierung gebracht. Sie ist zwar überholt, aber ihre Begriffe sind zum Teil in Gebrauch und an manchen Schulen Lernstoff.

Form

Die Unterscheidung der Satzschriften nach formalen Merkmalen.

Die Hauptgruppen:

Antiqua

Buchstaben mit unterschiedlicher Strichstärke und mit Serifen. (Seite 50)

Grotesk

Buchstaben mit gleichmäßiger Strichstärke ohne Serifen. (Seite 60)

Egyptienne

Buchstaben mit gleichmäßiger Strichstärke und mit kräftigen Serifen. (Seite 66)

Schreibschrift

Satzschriften, deren Vorlagen von unterschiedlichen Schreibwerkzeugen ausgehen. (Seite 72)

Fraktur

Schriften, deren Buchstaben, teilweise aus gebrochenen Strichen aufgebaut sind. (Seite 76)

Auf den folgenden Seiten werden die Zusammenhänge im Einzelnen erklärt.

Stil

Die nach ihrer Form definierten Schriften sind innerhalb der Gruppen stilistisch differenziert.

Mit den Formulierungen in dieser Spalte wird versucht, das Verhalten der Schriften »menschlich« verständlich zu machen.

Die Hauptgruppen:

Dynamisch Dynamisch

Die Buchstaben haben eine horizontale Ausrichtung, daraus ergibt sich eine gute Zeilenführung. Die Wortbilder sind in sich etwas bewegt. Die Herkunft vom Schreiben mit der Breitfeder ist spürbar.

»Wanderer«. Die Buchstaben gehen straffen Schritts durch die Zeilen. Keiner will sich vordrängen, keiner aus der Reihe tanzen. Sie haben ein gemeinsames Ziel.

Statisch Statisch

Innerhalb der Buchstaben ist die Senkrechte betont. Die Einzelformen sind in sich geschlossen. Die Proportionen sind einander angeglichen. Die Herkunft vom Schreiben mit der Spitzfeder ist spürbar.

»Soldaten«. Sie stehen in Reih und Glied und finden im Schulterschluss Halt an ihrem Nachbarn.

Geometrisch Geometrisch

Die Buchstabenformen gehen von einem vorgeplanten Konstruktionsgesetz aus.

»Roboter«. Die Buchstaben verhalten sich so, wie das Programm es ihnen vorgegeben hat.

Dekorativ DEKORATIV

Dekorative Formen, die von unterschiedlichen stilistischen Ansätzen ausgehen. (Seite 74)

»Künstler«. Die Buchstaben wollen schön sein und dadurch auffallen. »Nonkonformisten«. Die Buchstaben wollen nicht schön sein, sondern provozierend »anders« und dadurch auffallen.

Antiqua auf einen Blick

Charakteristik Mit »Antiqua« werden Schriften mit unterschiedlichen Strichstärken und mit Serifen bezeichnet.
Synonyme Antiqua, Serif

Die Antiqua-Schriften haben – neben den gebrochenen Schriften – über 450 Jahre Schriftgeschichte gemacht, bevor sie von der Grotesk und der Egyptienne Konkurrenz bekamen. Sie sind der Maßstab für die Funktion und die Ästhetik unserer Schriften.

Im Lauf der Zeit haben sich ihre Formen zwar verändert, die ursprünglichen Schnitte der verschiedenen Antiqua-Epochen sind aber bis heute lebendig geblieben.
Sie wurden in letzter Zeit computergerecht erweitert, erneuert und variiert.

Die Großbuchstaben (Majuskeln) der Antiqua stammen von der römischen Capitalis ab, die Kleinbuchstaben von der »Humanistischen Minuskel«. Die beiden wurden in der Renaissance zur »Antiqua«, der »Schrift der Alten« zusammengefügt (siehe Seite 19).

Dynamische Antiqua

Charakteristik Herkunft der Formen vom Wechselzug der Breitfeder, daher schrägstehende Achsen bei e, o usw. Gering ausgeprägte Unterschiede der Strichstärken. Schräge Anstriche. Waagerechter Querstrich des e. Doppelstöckiges g, offenes a. Der ausschwingende Fuß beim R ist nicht typisch, andere Schriften stellen ein ausgestrecktes Bein fest auf. Das Fähnchen beim r ist bei anderen Schriften zum Tropfen ausgeformt.
Die Formen der dynamischen Antiqua haben sich nach 1500 etabliert und seither als Leseschrift millionenfach bewährt. Die Anzahl der Varianten ist kaum überschaubar.

Das Schriftbild ist ruhig, weil die Strichstärken nicht sehr stark unterschieden sind. Leicht erfassbare Wortbilder, deutliche Zeilenbildung, da die Einzelbuchstaben sich dynamisch auf den Nachbarn im Wort beziehen. Wanderer, die gemeinsam in ruhiger Bewegung einem Ziel zustreben. Universelle Gelassenheit.

Synonyme Dynamische Antiqua, Französische Renaissance-Antiqua, Humanistische Antiqua, Mediaeval, Old Face, Old Style
Beispiel Bembo
Weitere Siehe Seite 52/53 und Aldus, Garamond, Hollander, Minion, Perpetua, Plantin, Quadraat, Stone Serif, Trinité, Vendome u. v. a.

DYNAMISCHE ANTIQUA, FRÜHE FORM

Die elegante Variante.
Sie ist zwar die älteste der Antiqua-Satzschriften (vor 1500 entstanden), aber sie steht von ihrem Einfluss her nicht an erster Stelle. Darum steht sie auch hier an zweiter Stelle.

Sie unterscheidet sich von den oben charakterisierten Schriften zunächst durch den schrägen, schreibgerechten Querstrich beim e. Das genügt aber nicht als Kriterium, entscheidend ist die »Leichtigkeit« des Auftritts.

Die Buchstaben gehen gemeinsam durch die Zeilen, im Wortbild vereint, elastisch, eher Spaziergänger als zielgerichtete Wanderer. Literarische Leseschrift.

Synonyme Dynamische Antiqua, Humanistische Antiqua, Venezianische Renaissance-Antiqua
Beispiel Centaur
Weitere Siehe Seite 54 und Aurelia, Berkeley Old Style, Griffo Classico, Guardi, Kennerley, Rialto

DYNAMISCHE ANTIQUA, SPÄTE FORM

Charakteristik Ausgeprägtere Unterschiede der Strichstärken. Feinere, oft spitze Serifen. Die Achsen der Rundungen stehen teils schräg, teils senkrecht. Auch sonst uneinheitliche Ausbildung der Form-Details. Das R stellt den Fuß fest auf.

Um 1700 entstanden. Der Ausgangspunkt ist zwar die dynamische Antiqua, aber manche Buchstaben folgen nicht mehr willig deren ursprünglichem Breitfeder-Duktus. Die Wortbilder erhalten so reizvolle »Stopper«, die aber die Lesbarkeit nicht beeinträchtigen.

Das sind nicht mehr voranstrebende Wanderer, sondern Flaneure, die auch mal stehen bleiben, sich umsehen und sehen lassen. Das Schriftbild ist durch das kontrastreiche Dick-Dünn farbiger, aber dadurch auch unruhiger als bei der ursprünglichen Antiqua. Bewährte Leseschriften.

Synonyme Barock-Antiqua, Dynamische Antiqua, Transitional, Übergangsantiqua
Beispiel Times
Weitere Siehe Seite 55 und Caslon, Ehrhardt, Fleischmann, Foundry Wilson, Fournier, Life, Schneider-Antiqua u. a.

Zu allen Antiqua-Schriften gehören die jeweiligen Kursiven. Sie weisen noch viel mehr Unterschiede auf als die Geradestehenden. Das gilt auch für die anderen Schriftarten.
Darauf im Detail einzugehen würde einen »Wegweiser Schrift« überfrachten.

Die »Antiqua« wird in verschiedene stilistische Gruppen unterteilt. Das schlage ich auch für die »Grotesk« und die »Egyptienne« vor. Das erleichtert den Umgang mit Schriften, vor allem bei der Schriftmischung. Darauf wird ab Seite 90 eingegangen.

Ich habe mich bei der Antiqua auf zwei Hauptgruppen mit Unterteilungen beschränkt. Die Wissenschaftler differenzieren die Antiqua-Schriften genauer. Wofür ich zusammenfassend die Bezeichnung »dynamische Antiqua« vorschlage, das nennen sie »Venezianische Renaissance-Antiqua«, »Französische Renaissance-Antiqua« und »Barock-Antiqua« (die sind hier auf der linken Seite angesprochen). Diese historischen Bezeichnungen scheinen mir bei einem »Wegweiser« eher verwirrend als klärend zu sein. Es sind ja Varianten des gleichen formalen Ansatzes.

Statische Antiqua

Charakteristik Extremer Strichstärkenkontrast. Betonung der Senkrechten, auch bei den runden Buchstaben. Angleichung der Versalbreiten. Die sehr feinen Serifen sind entweder rechtwinklig oder ganz leicht gerundet angesetzt. Die Formen sind in sich geschlossen, a, r und Ähnliche haben »Tropfen«.

Um 1800 entstanden, in Deutschland als Schrift der Aufklärung verstanden. Herkunft der Formen vom Schreiben mit der Spitzfeder. Die Betonung der Senkrechten beeinträchtigt die Zeilenführung und damit die Lesbarkeit.

Die Wortbilder sind eindeutig. In ihnen stehen die Buchstaben wie Soldaten in Reih und Glied. Eine reizvolle, aber sensible Schriftgruppe.

Synonyme Klassizistische Antiqua, Modern Face, Statische Antiqua
Beispiel Bodoni
Weitere Augustea, Basilia, Centennial, Corvinus, Didot, Fairfield, Kepler, Marconi, Modern, Walbaum, Zapf Book u. a.

STATISCHE ANTIQUA, ZEITUNGSSCHRIFTEN

Charakteristik Der Kontrast der Strichstärken ist gemildert, die Serifen sind kräftiger und gerundet angesetzt. (Bei der »reinen« klassizistischen Antiqua brachen sie beim Druck oder schon beim Versenden häufig ab.) Insgesamt stabiler. Große Binnenformen.

Eine wichtige Schriftgruppe, die sich ab 1900 aus dem formalen Ansatz der Klassizistischen Antiqua entwickelt, aber mehr oder weniger verselbständigt hat. Die Buchstaben sind keine Soldaten, sondern Arbeiter, die ihre Aufgabe zu erfüllen haben.

Sie müssen schlechten Druck auf rauem Papier aushalten und in kleinen Graden gut lesbar sein.
Ruhig, zeilenbildend, platzsparend, eindeutige Wortbilder. Die »Pragmatiker« unter den Antiquaschriften.
Der Übergang zur Egyptienne, vor allem zur Clarendon, ist fließend.

Beispiel Century
Weitere Candida, Corporate A, Excelsior, Impressum, Ionic, Melior, News, Nimrod

Dynamische Antiqua

Die berühmteste dynamische Antiqua, die Garamond, ist auf Seite 18 besprochen.

DYNAMISCHE ANTIQUA

Bembo

Dies ist ein Blindtext. An ihm lässt sich vieles ablesen über die Schrift, in der er gesetzt ist. Auf den ersten Blick wird der Grauwert der Schriftfläche sichtbar. Dann kann man prüfen, wie gut die Schrift zu lesen ist und wie sie auf **den Leser wirkt. Man kann sehen, wie breit** *oder schmal sie läuft. Bei genauerem Hinsehen werden die einzelnen Buchstaben und ihre Besonderheiten erkennbar. Natürlich spielt für die Lesbarkeit und*

abcdefghijklmn
opqrstuvwxyzß
ABCDEFGHIJKL
MNOPQRSTUV
WXYZ

a r W R

Bembo
Francesco Griffo *um 1500*
Ich habe als Buchgestalter keine andere Schrift so häufig eingesetzt wie die Bembo. Sie ist mein Maßstab für Leseschriften (mehr noch als die Garamond). Vorbildlich die Zeilenbildung, die Proportionen, die Einzelformen der Buchstaben. Die Kursive ist sehr ruhig.

DYNAMISCHE ANTIQUA

Sabon Next

Dies ist ein Blindtext. An ihm lässt sich vieles ablesen über die Schrift, in der er gesetzt ist. Auf den ersten Blick wird der Grauwert der Schriftfläche sichtbar. Dann kann man prüfen, wie gut die Schrift zu lesen ist und wie sie auf den Leser **wirkt. Man kann sehen, wie breit oder schmal sie** *läuft. Bei genauerem Hinsehen werden die einzelnen Buchstaben und ihre Besonderheiten erkennbar. Natürlich spielt für die Lesbarkeit*

abcdefghijklmn
opqrstuvwxyzß
ABCDEFGHIJKL
MNOPQRSTUV
WXYZ

a r n R

Sabon Next
Jan Tschichold *1967/2002*
Das ist – aus Tschicholds Sicht – die Zusammenfassung aller Tugenden der »Renaissance-Antiqua« (die ich im »Wegweiser Schrift« »Dynamische Antiqua« nenne), praktisch ein Nachfahre der Garamond (siehe Seite 18). Nobel, ruhig, gebrauchstüchtig. Die Halbfette ist so zurückhaltend, dass sie kaum auszeichnet.

DYNAMISCHE ANTIQUA

Galliard

Dies ist ein Blindtext. An ihm lässt sich vieles ablesen über die Schrift, in der er gesetzt ist. Auf den ersten Blick wird der Grauwert der Schriftfläche sichtbar. Dann kann man prüfen, wie gut die Schrift zu lesen ist und wie sie auf den **Leser wirkt. Man kann sehen, wie breit oder** *schmal sie läuft. Bei genauerem Hinsehen werden die einzelnen Buchstaben und ihre Besonderheiten erkennbar. Natürlich spielt für die Lesbarkeit*

abcdefghijklmn
opqrstuvwxyzß
ABCDEFGHIJKL
MNOPQRSTUV
WXYZ

g r W R

Galliard
Matthew Carter *1978*
Sie ist nicht der getreue Nachschnitt eines speziellen historischen Schriftschnittes, sondern Matthew Carters überzeugende Interpretation der Schriftauffassung Robert Granjons (Zeitgenosse Claude Garamonds). Eine äußerst lebendige, »farbige« Schrift, die nicht nur für literarische Texte, sondern für vielerlei Zwecke einzusetzen ist.

DYNAMISCHE ANTIQUA

Minion

Dies ist ein Blindtext. An ihm lässt sich vieles ablesen über die Schrift, in der er gesetzt ist. Auf den ersten Blick wird der Grauwert der Schriftfläche sichtbar. Dann kann man prüfen, wie gut die Schrift zu lesen ist und wie sie auf den Leser wirkt. Man kann sehen, **wie breit oder schmal sie läuft. Bei genauerem Hinsehen** *werden die einzelnen Buchstaben und ihre Besonderheiten erkennbar. Natürlich spielt für die Lesbarkeit und die Wirkung einer*

abcdefghijklmn
opqrstuvwxyzß
ABCDEFGHIJKL
MNOPQRSTUV
WXYZ

a n R E

Minion
Robert Slimbach *1990*
Ebenfalls von den französischen Renaissance-Antiquas abgeleitet, ist sie etwas zurückhaltender gestaltet als die Garmond. Ruhiges, ausgeglichenes Schriftbild, das unaufdringlich gute Lesbarkeit und sehr breite Einsatzmöglichkeiten garantiert. Der Name Minion ist eine altertümliche Schriftgrößenbezeichnung aus der englischen Setzersprache und bezeichnet ursprünglich eine Schriftgröße von 7 Punkt entsprechend der deutschen Kolonel oder Mignon.

Dynamische Antiqua

DYNAMISCHE ANTIQUA

Goudy Old Style

Goudy Old Style Dies ist ein Blindtext. An ihm lässt sich vieles ablesen über die Schrift, in der er gesetzt ist. Auf den ersten Blick wird der Grauwert der Schriftfläche sichtbar. Dann kann man prüfen, wie gut die Schrift zu lesen ist und wie sie **auf den Leser wirkt. Man kann sehen, wie breit** *oder schmal sie läuft. Bei genauerem Hinsehen werden die einzelnen Buchstaben und ihre Besonderheiten erkennbar. Natürlich spielt für die Lesbarkeit und die Wirkung einer*

abcdefghijklmn
opqrstuvwxyzß
ABCDEFGHIJKL
MNOPQRSTUV
WXYZ

igGE

Goudy Old Style Regular
Frederic W. Goudy *1915*
Eine »Dynamische Antiqua« vom Jahrhundertbeginn. In den 60ern hielt man sie für antiquiert, seit den 80ern wurden ihre individuellen Reize neu entdeckt und mit Vorliebe für anspruchsvolle Werbung eingesetzt. Merkmal: der rautenförmige i-Punkt.

DYNAMISCHE ANTIQUA

Palatino Nova

Palatino Nova Dies ist ein Blindtext. An ihm lässt sich vieles ablesen über die Schrift, in der er gesetzt ist. Auf den ersten Blick wird der Grauwert der Schriftfläche sichtbar. Dann kann man prüfen, wie gut die Schrift zu lesen ist und wie **sie auf den Leser wirkt. Man kann sehen, wie** *breit oder schmal sie läuft. Bei genauerem Hinsehen werden die einzelnen Buchstaben und ihre Besonderheiten erkennbar. Natürlich spielt für die Lesbarkeit und die*

abcdefghijklmn
opqrstuvwxyzß
ABCDEFGHIJKL
MNOPQRSTUV
WXYZ

enRS

Palatino Nova
Hermann Zapf *1950/51/2005*
Neu gezeichneter Klassiker aus den 50er Jahren. Kalligraphischer Einfluss (das kurvenreiche S), persönlich geprägte Formgebung, spannungsvolle Proportionen. Besonderheit: beim R berühren Kopf und Bein nicht den Schaft.
Die Palatino hat eine schmaler laufende, ebenfalls sehr bewährte Schwester, die Aldus.

DYNAMISCHE ANTIQUA

Trump Mediäval

Trump Mediäval Dies ist ein Blindtext. An ihm lässt sich vieles ablesen über die Schrift, in der er gesetzt ist. Auf den ersten Blick wird der Grauwert der Schriftfläche sichtbar. Dann kann man prüfen, wie gut die Schrift zu lesen ist **und wie sie auf den Leser wirkt. Man kann sehen,** *wie breit oder schmal sie läuft. Bei genauerem Hinsehen werden die einzelnen Buchstaben und ihre Besonderheiten erkennbar. Natürlich spielt*

abcdefghijklmn
opqrstuvwxyzß
ABCDEFGHIJKL
MNOPQRSTUV
WXYZ

ezGR

Trump Mediäval LT
Georg Trump *1954*
Die andere für die 50er Jahre typische Antiqua. Etwas strenger, kantiger, weniger schwingend als die Palatino, aber nicht weniger das erkennbare Werk einer Schriftkünstler-Persönlichkeit. Recht kräftige Serifen. Typisch die Brechung beim unteren Bogen des kleinen e.

DYNAMISCHE ANTIQUA

Weiss

Weiss Dies ist ein Blindtext. An ihm lässt sich vieles ablesen über die Schrift, in der er gesetzt ist. Auf den ersten Blick wird der Grauwert der Schriftfläche sichtbar. Dann kann man prüfen, wie gut die Schrift zu lesen ist und wie sie auf den Leser wirkt. **Man kann sehen, wie breit oder schmal sie läuft.** *Bei genauerem Hinsehen werden die einzelnen Buchstaben und ihre Besonderheiten erkennbar. Natürlich spielt für die Lesbarkeit und die Wirkung einer*

abcdefghijklmn
opqrstuvwxyzß
ABCDEFGHIJKL
MNOPQRSTUV
WXYZ

aezGR

Weiss LT
Emil Rudolf Weiß *1928*
Bei keiner anderen Schrift ist die Waagerechte so stark ausgeprägt, vor allem beim a, e und z. Die Serifen sind sehr knapp gehalten. Sehr große Versalien. Eine eigenständige, sehr eng laufende Kursive. Die Schrift ist – im Gegensatz zu vielen gleichzeitig entstandenen – durch das ganze Jahrhundert hin aktiv eingesetzt worden.

Dynamische Antiqua

DYNAMISCHE ANTIQUA, FRÜHE FORM

Centaur Dies ist ein Blindtext. An ihm lässt sich vieles ablesen über die Schrift, in der er gesetzt ist. Auf den ersten Blick wird der Grauwert der Schriftfläche sichtbar. Dann kann man prüfen, wie gut die Schrift zu lesen ist und wie sie auf den **Leser wirkt. Man kann sehen, wie breit oder** *schmal sie läuft. Bei genauerem Hinsehen werden die einzelnen Buchstaben und ihre Besonderheiten erkennbar. Natürlich spielt für die Lesbarkeit und die Wirkung einer Schrift auch*

abcdefghijklmn
opqrstuvwxyzß
ABCDEFGHIJKL
MNOPQRSTUV
WXYZ

e a R W

Centaur
Bruce Rogers *1914, 1928*
An klassischen venezianischen Vorbildern (um 1500) orientiert. Elastisch, leichtfüßig, lebendig, wohlproportioniert und gut lesbar. Eine ausdrucksvolle, formenreiche Kursive, Kapitälchen. Schriften dieses Charakters und in vergleichbarer Qualität gab es erst am Ende des Jahrhunderts wieder.

DYNAMISCHE ANTIQUA, FRÜHE FORM

Legacy Serif Dies ist ein Blindtext. An ihm lässt sich vieles ablesen über die Schrift, in der er gesetzt ist. Auf den ersten Blick wird der Grauwert der Schriftfläche sichtbar. Dann kann man prüfen, wie gut die Schrift zu lesen ist und wie **sie auf den Leser wirkt. Man kann sehen, wie breit** *oder schmal sie läuft. Bei genauerem Hinsehen werden die einzelnen Buchstaben und ihre Besonderheiten erkennbar. Natürlich spielt für die Lesbarkeit und die Wirkung*

abcdefghijklmn
opqrstuvwxyzß
ABCDEFGHIJKL
MNOPQRSTUV
WXYZ

e g G W

Legacy Serif
Ronald Arnholm *1992*
Dieses Mitglied der Legacy-Schrift-Sippe (siehe Seite 70) ist ein für den Computersatz erarbeitetes gelungenes Beispiel der Centaur-Nachfolge. Die Mittellängen sind größer, sie ist nicht so zart, aber ähnlich fröhlich. Die Kursive hat ihr ausdrucksvolles Eigenleben behalten. Vier Fetten, davon drei mit Kursiven, Kapitälchen, Mediävalziffern (auch bei der Medium).

DYNAMISCHE ANTIQUA, FRÜHE FORM

Stempel Schneidler Dies ist ein Blindtext. An ihm lässt sich vieles ablesen über die Schrift, in der er gesetzt ist. Auf den ersten Blick wird der Grauwert der Schriftfläche sichtbar. Dann kann man prüfen, wie gut die Schrift zu lesen **ist und wie sie auf den Leser wirkt. Man kann** *sehen, wie breit oder schmal sie läuft. Bei genauerem Hinsehen werden die einzelnen Buchstaben und ihre Besonderheiten erkennbar. Natürlich spielt für die*

abcdefghijklmn
opqrstuvwxyzß
ABCDEFGHIJKL
MNOPQRSTUV
WXYZ

a p N R

Stempel-Schneidler
F. H. E. Schneidler *1939*
Eine eigenartige Schrift: eine Antiqua mit sehr geringem Strichstärken-Kontrast und mit stark ausgekehlten und gerundeten Serifen. Hell und freundlich, gut lesbar. Der ursprüngliche Name »Schneidler-Mediaeval« wurde geändert, weil es ursprünglich weder eine Kursive noch eine Halbfette gab. Die Schrift wurde erst 1982 von der D. Stempel AG ausgebaut.

DYNAMISCHE ANTIQUA, FRÜHE FORM

Weidemann Dies ist ein Blindtext. An ihm lässt sich vieles ablesen über die Schrift, in der er gesetzt ist. Auf den ersten Blick wird der Grauwert der Schriftfläche sichtbar. Dann kann man prüfen, wie gut die Schrift zu lesen ist und wie sie auf den Leser wirkt. Man **kann sehen, wie breit oder schmal sie läuft. Bei** *genauerem Hinsehen werden die einzelnen Buchstaben und ihre Besonderheiten erkennbar. Natürlich spielt für die Lesbarkeit und die Wirkung einer Schrift auch*

abcdefghijklmn
opqrstuvwxyzß
ABCDEFGHIJKL
MNOPQRSTUV
WXYZ

a e r N

Weidemann
Kurt Weidemann *1983*
Auf den ersten Blick scheint diese Schrift der Schneidler sehr ähnlich zu sein. Doch hat sie einen eigenen Ansatz: sie hieß zunächst »Biblica« und sollte dafür sorgen, dass dieses auch vom Umfang her gewaltige Buch nicht gar zu viele Seiten braucht. Weil sie so eng läuft, ein großes Schriftbild hat und gut lesbar ist, wird sie gern eingesetzt, wo Platzmangel herrscht.

Dynamische Antiqua

Die Times ist der am meisten verbreitete Vertreter der späten dynamischen Antiqua. Sie ist auf Seite 18 besprochen.

DYNAMISCHE ANTIQUA, SPÄTE FORM

Janson

Dies ist ein Blindtext. An ihm lässt sich vieles ablesen über die Schrift, in der er gesetzt ist. Auf den ersten Blick wird der Grauwert der Schriftfläche sichtbar. Dann kann man prüfen, wie gut die Schrift zu lesen ist und wie sie auf den Leser **wirkt. Man kann sehen, wie breit oder schmal** *sie läuft. Bei genauerem Hinsehen werden die einzelnen Buchstaben und ihre Besonderheiten erkennbar. Natürlich spielt für die Lesbarkeit und die Wirkung einer Schrift*

abcdefghijklmn
opqrstuvwxyzß
ABCDEFGHIJKL
MNOPQRSTUV
WXYZ

a g N E T

Janson
Nicolaus Kisz *1690*
Eine unruhig bewegte, sensible Spätform der dynamischen Antiqua-Schriften. Große Versalien mit spannungsreichem Hin und Her der Anstriche, etwa beim E oder T. Wenn sie vom Typografen pfleglich behandelt wird, kann sie großen Charme entwickeln. Als Geheimtipp berühmt.

DYNAMISCHE ANTIQUA, SPÄTE FORM

Baskerville

Dies ist ein Blindtext. An ihm lässt sich vieles ablesen über die Schrift, in der er gesetzt ist. Auf den ersten Blick wird der Grauwert der Schriftfläche sichtbar. Dann kann man prüfen, wie gut die Schrift zu lesen ist und wie sie **auf den Leser wirkt. Man kann sehen, wie breit** *oder schmal sie läuft. Bei genauerem Hinsehen werden die einzelnen Buchstaben und ihre Besonderheiten erkennbar. Natürlich spielt für die Lesbarkeit und die Wirkung*

abcdefghijklmn
opqrstuvwxyzß
ABCDEFGHIJKL
MNOPQRSTUV
WXYZ

a g R G

Baskerville
John Baskerville *1768*
Ein Klassiker, der vorübergehend etwas aus der Mode gekommen ist. Eine Übergangsform zwischen dynamischer und statischer Antiqua. Ruhiges Gesamtbild, die Proportionen nicht vereinheitlicht. Typisch beim g die offene untere Schleife. Von der Baskerville gibt es verschiedene Schnitte mit unterschiedlicher Wirkung.

DYNAMISCHE ANTIQUA, SPÄTE FORM

Bookman Old Style

Dies ist ein Blindtext. An ihm lässt sich vieles ablesen über die Schrift, in der er gesetzt ist. Auf den ersten Blick wird der Grauwert der Schriftfläche sichtbar. Dann kann man prüfen, wie gut **die Schrift zu lesen ist und wie sie auf den** *Leser wirkt. Man kann sehen, wie breit oder schmal sie läuft. Bei genauerem Hinsehen werden die einzelnen Buchstaben und ihre Besonderheiten*

abcdefghijklmn
opqrstuvwxyzß
ABCDEFGHIJKL
MNOPQRSTUV
WXYZ

a c o g R

Bookman Old Style *1925*
Eine Zeitgeist-Schrift der 20er Jahre, die Ed Benguiat 1975 zeitgeistgerecht aufgefrischt hat. Kräftig und zugleich ein wenig weich. Sie hält physisch viel aus, passt sich aber nicht gern an.

DYNAMISCHE ANTIQUA, SPÄTE FORM

Lexicon

Dies ist ein Blindtext. An ihm lässt sich vieles ablesen über die Schrift, in der er gesetzt ist. Auf den ersten Blick wird der Grauwert der Schriftfläche sichtbar. Dann kann man prüfen, wie gut die Schrift zu lesen ist und wie sie auf den Leser wirkt. **Man kann sehen, wie breit oder schmal sie läuft.** *Bei genauerem Hinsehen werden die einzelnen Buchstaben und ihre Besonderheiten erkennbar. Natürlich spielt für die Lesbarkeit und die Wirkung einer Schrift auch eine Rolle*

abcdefghijklmn
opqrstuvwxyzß
ABCDEFGHIJKL
MNOPQRSTUV
WXYZ

h h p p R

Lexicon
Bram de Does *1992*
Diese Schrift zeigt in geradezu idealer Weise, wie sich genaue Kenntnis der tradierten Schriftformen, der heutigen Ansprüche an eine Schrift und der technischen Möglichkeiten zu einem Höhepunkt der Schriftkultur vereinen können. Die Lexicon gibt es für verschiedene Einsatz-Zwecke mit größeren und mit kleineren Ober- und Unterlängen.

Statische Antiqua

STATISCHE ANTIQUA

Bodoni Dies ist ein Blindtext. An ihm lässt sich vieles ablesen über die Schrift, in der er gesetzt ist. Auf den ersten Blick wird der Grauwert der Schriftfläche sichtbar. Dann kann man prüfen, wie gut die Schrift zu lesen ist und wie sie auf den Leser **wirkt. Man kann sehen, wie breit oder schmal** *sie läuft. Bei genauerem Hinsehen werden die einzelnen Buchstaben und ihre Besonderheiten erkennbar. Natürlich spielt für die Lesbarkeit und die Wirkung*

abcdefghijklmn
opqrstuvwxyzß
ABCDEFGHIJKL
MNOPQRSTUV
WXYZ

a g R S

Bodoni LT Book
Giambattista Bodoni *ca. 1790*
Diese Schrift ist Ausdruck des Rationalismus, der Aufklärung. Zu Beginn des 19. Jahrhunderts große Mode, in Deutschland die damals aktuelle Konkurrenz der Fraktur. Offsetdruck und Computersatz sind ihr nicht bekommen. Sie ist zu einer elitären Schrifterscheinung geworden. Es gibt sehr unterschiedliche Bodoni-Schnitte.

STATISCHE ANTIQUA

Walbaum Dies ist ein Blindtext. An ihm lässt sich vieles ablesen über die Schrift, in der er gesetzt ist. Auf den ersten Blick wird der Grauwert der Schriftfläche sichtbar. Dann kann man prüfen, wie gut die Schrift zu lesen ist und wie sie **auf den Leser wirkt. Man kann sehen, wie breit** *oder schmal sie läuft. Bei genauerem Hinsehen werden die einzelnen Buchstaben und ihre Besonderheiten erkennbar. Natürlich spielt für die Lesbarkeit*

abcdefghijklmn
opqrstuvwxyzß
ABCDEFGHIJKL
MNOPQRSTUV
WXYZ

a k R S

Walbaum LT
Justus E. Walbaum *um 1800*
Die deutsche Version der »französischen Antiqua«, der klassizistischen Schrift (die ich »statische Antiqua« nenne). Weniger scharf als die Bodoni. Die Walbaum gibt es in vielen Versionen. Faustregel: Für Lesetexte Walbaumschnitte mit geringem Strichstärkenkontrast, für Headlines mit ausgeprägtem Strichstärkenkontrast.

STATISCHE ANTIQUA

Centennial Dies ist ein Blindtext. An ihm lässt sich vieles ablesen über die Schrift, in der er gesetzt ist. Auf den ersten Blick wird der Grauwert der Schriftfläche sichtbar. Dann kann man prüfen, wie gut die Schrift zu lesen ist und wie sie **auf den Leser wirkt. Man kann sehen, wie breit** *oder schmal sie läuft. Bei genauerem Hinsehen werden die einzelnen Buchstaben und ihre Besonderheiten erkennbar. Natürlich spielt für*

abcdefghijklmn
opqrstuvwxyzß
ABCDEFGHIJKL
MNOPQRSTUV
WXYZ

a k R G

Centennial
Adrian Frutiger *1986*
Obwohl bei der Centennial die Senkrechte betont ist, die Buchstaben sehr schmal gehalten und ihre Proportionen angeglichen sind, ist sie besser lesbar als viele der historischen statischen Schriften. Das Dick-Dünn der Strichstärken ist nicht so extrem, die Serifen sind ganz leicht gerundet angesetzt. Für einen Roman würde ich sie nicht nehmen, wohl aber für Sachbücher u. Ä.

STATISCHE ANTIQUA

Kepler Dies ist ein Blindtext. An ihm lässt sich vieles ablesen über die Schrift, in der er gesetzt ist. Auf den ersten Blick wird der Grauwert der Schriftfläche sichtbar. Dann kann man prüfen, wie gut die Schrift zu lesen ist und wie sie auf den **Leser wirkt. Man kann sehen, wie breit oder** *schmal sie läuft. Bei genauerem Hinsehen werden die einzelnen Buchstaben und ihre Besonderheiten erkennbar. Natürlich spielt für die Lesbarkeit und*

abcdefghijklmn
opqrstuvwxyzß
ABCDEFGHIJKL
MNOPQRSTUV
WXYZ

g s R G

Kepler
Robert Slimbach *1996*
Diese Schrift hat kein eindeutig-verbindliches Gesicht. Als »Multiple-Master-Schrift« (s. S. 23) kann sie sich in der Laufweite und der Fette nach Belieben (und nach Programm) verändern. Sie ist eine der wenigen neuen Schriften, die man der »statischen Antiqua« zuordnen kann. In der Hand von versierten Typografen ein vielseitiges Instrument, aber nicht leicht zu spielen.

Statische Antiqua

STATISCHE ANTIQUA, ZEITUNGSSCHRIFT

Century

Dies ist ein Blindtext. An ihm lässt sich vieles ablesen über die Schrift, in der er gesetzt ist. Auf den ersten Blick wird der Grauwert der Schriftfläche sichtbar. Dann kann man prüfen, wie gut die Schrift zu lesen ist und wie sie auf den Leser **wirkt. Man kann sehen, wie breit oder schmal** *sie läuft. Bei genauerem Hinsehen werden die einzelnen Buchstaben und ihre Besonderheiten erkennbar. Natürlich spielt für die Lesbarkeit und*

abcdefghijklmn
opqrstuvwxyzß
ABCDEFGHIJKL
MNOPQRSTUV
WXYZ

a g G R

ITC Century LT
L. B. Benton *1894*
Der Ursprung aller »Arbeiter«-Schriften. Entworfen, um den Strapazen des Rotationsdrucks (Hochdruck auf rauem Papier mit ungleichmäßiger Farbgebung), der Marter des Materns (Prägen der Ganzseiten-Gussform) und dem Akkord-Satz, kurz: den Bedingungen des Zeitungsdrucks gewachsen zu sein. Die Century leistet bis heute bewundernswert ihre Arbeit.

STATISCHE ANTIQUA, ZEITUNGSSCHRIFT

Excelsior

Dies ist ein Blindtext. An ihm lässt sich vieles ablesen über die Schrift, in der er gesetzt ist. Auf den ersten Blick wird der Grauwert der Schriftfläche sichtbar. Dann kann man prüfen, wie gut die Schrift zu lesen ist und wie sie **auf den Leser wirkt. Man kann sehen, wie breit** *oder schmal sie läuft. Bei genauerem Hinsehen werden die einzelnen Buchstaben und ihre Besonderheiten erkennbar. Natürlich spielt für*

abcdefghijklmn
opqrstuvwxyzß
ABCDEFGHIJKL
MNOPQRSTUV
WXYZ

agGR

Excelsior
Chauncey H. Griffth *1931*
Die (zumindest in Deutschland) meistverbreitete Zeitungsschrift. Auch unter schlechten Bedingungen (wie oben geschildert) gut zu lesen. Unverwechselbare Wortbilder, wegen der eindeutigen Buchstabenformen und ausgeprägten Proportionen; trotz des statischen Ansatzes gute Zeilenführung wegen der kräftigen Serifen. Unverwüstlich.

STATISCHE ANTIQUA, ZEITUNGSSCHRIFT

Candida

Dies ist ein Blindtext. An ihm lässt sich vieles ablesen über die Schrift, in der er gesetzt ist. Auf den ersten Blick wird der Grauwert der Schriftfläche sichtbar. Dann kann man prüfen, wie gut die Schrift zu lesen ist und wie sie auf den **Leser wirkt. Man kann sehen, wie breit oder** *schmal sie läuft. Bei genauerem Hinsehen werden die einzelnen Buchstaben und ihre Besonderheiten erkennbar. Natürlich spielt für die Lesbarkeit*

abcdefghijklmn
opqrstuvwxyzß
ABCDEFGHIJKL
MNOPQRSTUV
WXYZ

agGR

Candida
Jakob Erbar *1936*
Die Candida wurde bewusst als Konkurrenz zur Excelsior entwickelt. Sie ist härter als diese, zum Beispiel sind die Serifen rechtwinklig angesetzt. Das kleine g ist nicht zweistöckig, damit die »Punzen«, die Binnenformen der Buchstaben, möglichst groß sind und beim Drucken nicht zugehen – das gleiche Bestreben wie bei der Century und der Excelsior. Seltener zu sehen als diese.

STATISCHE ANTIQUA, ZEITUNGSSCHRIFT

Melior

Dies ist ein Blindtext. An ihm lässt sich vieles ablesen über die Schrift, in der er gesetzt ist. Auf den ersten Blick wird der Grauwert der Schriftfläche sichtbar. Dann kann man prüfen, wie gut die Schrift zu lesen ist und wie sie auf den **Leser wirkt. Man kann sehen, wie breit oder** *schmal sie läuft. Bei genauerem Hinsehen werden die einzelnen Buchstaben und ihre Besonderheiten erkennbar. Natürlich spielt für die Lesbar-*

abcdefghijklmn
opqrstuvwxyzß
ABCDEFGHIJKL
MNOPQRSTUV
WXYZ

a r g G

Melior
Hermann Zapf *1952*
Die Melior wurde als Zeitungsschrift der 50er Jahre entworfen. Sie braucht wegen der ausgeprägten Senkrechten (selbst beim Bogen des r) viel Durchschuss. Für manche andere Aufgaben wäre die stabile und ruhige Schrift keine schlechte Wahl. Allerdings gibt es nur die Normale und die Halbfette samt der Kursiven – typisch für Bleisatzzeiten.

Varianten

Kennen Sie den? Ein Bauer wird von seiner Frau auf den Markt geschickt, er soll eine Ziege kaufen. Glänzendes Fell, strahlende Augen, schöne Hörner, schöner Bart, pralles Euter – wenn sie nicht all das hat, macht es auch nichts.
Er kommt zurück, mit einem Ziegenbock.
Großes Geschrei. Er wehrt sich: Du hast doch selbst gesagt, sie muss nicht alles haben.

Wir haben definiert:
Antiqua: Buchstaben mit unterschiedlicher Strichstärke und mit Serifen.
Grotesk: Buchstaben mit gleichmäßiger Strichstärke ohne Serifen.

Was aber, wenn eine Schrift unterschiedliche Strichstärken hat, aber keine Serifen? Wenn sie dennoch stilistisch eindeutig z. B. der »dynamischen Antiqua« zuzuordnen ist?
Was tun, wenn eine Schrift mit gleichmäßiger Strichstärke kleine Ansätze von Serifen hat? Oder wenn einzelne Buchstaben eine kräftige Serife haben, alle anderen nicht?

Jedes Ordnungssystem hat Lücken, auch der Versuch, die Satzschriften übersichtlich einzuteilen. Deshalb haben wir die Schublade »Varianten« eingerichtet. Die Vielfalt der Varianten ist groß. Hier werden nur einige wenige Beispiele gezeigt.

ANTIQUA-VARIANTE

Optima Nova Dies ist ein Blindtext. An ihm lässt sich vieles ablesen über die Schrift, in der er gesetztist. Auf den ersten Blick wird der Grauwert der Schriftfläche sichtbar. Dann kann man prüfen, wie gut die Schrift zu lesen ist und wie sie auf den Leser **wirkt. Man kann sehen, wie breit oder schmal sie** *läuft. Bei genauerem Hinsehen werden die einzelnen Buchstaben und ihre Besonderheiten erkennbar. Natürlich spielt für die Lesbarkeit einer Schrift auch eine*

abcdefghijklmn
opqrstuvwxyzß
ABCDEFGHIJKL
MNOPQRSTUV
WXYZ

n s R G

Optima Nova
Hermann Zapf *1958/2002*
Eine Antiqua-Variante mit Strichstärkenkontrast, aber ohne Serifen. Offene, klare Formen, ausgeprägte Proportionen. Distanzierte Noblesse. In der Werbung ist die Optima beliebt, auch in Büchern. Unter schwierigen Bedingungen bewährt, z. B. negativ in farbiger Umgebung oder bei der Prägung in Buchleinen.

ANTIQUA-VARIANTE

Gitan Dies ist ein Blindtext. An ihm lässt sich vieles ablesen über die Schrift, in der er gesetzt ist. Auf den ersten Blick wird der Grauwert der Schriftfläche sichtbar. Dann kann man prüfen, wie gut die Schrift zu lesen ist und wie sie auf **den Leser wirkt. Man kann sehen, wie breit oder** *schmal sie läuft. Bei genauerem Hinsehen werden die einzelnen Buchstaben und ihre Besonderheiten erkennbar. Natürlich spielt für die Lesbarkeit einer*

abcdefghijklmn
opqrstuvwxyzß
ABCDEFGHIJKL
MNOPQRSTUV
WXYZ

n s R G

Gitan
Florian Runge *2016*
Gitan ist eine gekehlte Serifenlose, die an geschmiedete oder gravierte Schrift erinnert. Mit ungewöhnlichen Endungen hat sie viel Eigencharakter, der sich vor allem bei Überschriften und auf Verpackungen zeigt. In verschiedenen Anwendungen zeigt sich, dass sie auch als Mengentext gut lesbar ist.

ANTIQUA-VARIANTE

Agfa Rotis Semi Serif Dies ist ein Blindtext. An ihm lässt sich vieles ablesen über die Schrift, in der er gesetzt ist. Auf den ersten Blick wird der Grauwert der Schriftfläche sichtbar. Dann kann man prüfen, wie gut die Schrift zu lesen ist und wie **sie auf den Leser wirkt. Man kann sehen, wie breit oder schmal sie läuft.** Bei genauerem Hinsehen werden die einzelnen Buchstaben und ihre Besonderheiten erkennbar. Natürlich spielt für die Lesbarkeit und die

abcdefghijklmn
opqrstuvwxyzß
ABCDEFGHIJKL
MNOPQRSTUV
WXYZ

n s R G

Agfa Rotis Semi Serif
Otl Aicher *1989* (s. Seite 71)
Otl Aichers Versuch, die Tugenden der Grotesk (Einfachheit) und der Antiqua (Unverwechselbarkeit der Buchstaben) zu vereinen. Das Ergebnis ist interessant, aber die erstrebte optimale Lesbarkeit wurde nicht erreicht. Die Familie der Rotis Semi Serif wird nicht so häufig eingesetzt wie die Rotis Sans.

Der Übergang von den Antiqua-, Grotesk- und Egyptienne-Varianten zu den dekorativen Schriften ist fließend. Darum habe ich hier nur Schriften ausgewählt, die auch im Mengensatz verwendet werden können.

Als Egyptienne-Varianten könnte man auch alle Mono-Space-Schriften bezeichnen. Sie ahmen die Schriften der mechanischen Schreibmaschine nach, bei denen alle Buchstaben, ob groß oder klein, schmal oder breit, die gleiche Breite haben mussten. Auf diese im Einzelnen einzugehen, würde beim »Wegweiser Schrift« zu weit führen.

Weitere Antiqua-Varianten
Barbedor, Lydian, Norma, Novarese, Renoir

Weitere Grotesk-Varianten
Antique Olive, Rotis Semi Sans, TheMix (die Überschriften von »Wegweiser Schrift«), Triplex Sans

ANTIQUA-VARIANTE

Albertus Dies ist ein Blindtext. An ihm lässt sich vieles ablesen über die Schrift, in der er gesetzt ist. Auf den ersten Blick wird der Grauwert der Schriftfläche **sichtbar. Dann kann man prüfen, wie gut die Schrift** *zu lesen ist und wie sie auf den Leser wirkt. Man kann sehen, wie breit oder schmal sie läuft. Bei genauerem Hinsehen werden die einzelnen Buchstaben und ihre Besonderheiten*

ALBERTUS

abcdefghijklmn
opqrstuvwxyzß
ABCDEFGHIJKL
MNOPQRSTUV
WXYZ

aeABM

Albertus MT Pro
Berthold Wolpe *1940*
Ist das eine Grotesk mit Ansätzen von Serifen? Ist das eine Antiqua mit geringem Strichstärkenkontrast? Der besondere »handwerkliche« Charakter wird bei Versalien am deutlichsten.

EGYPTIENNE-VARIANTE

Souvenir Dies ist ein Blindtext. An ihm lässt sich vieles ablesen über die Schrift, in der er gesetzt ist. Auf den ersten Blick wird der Grauwert der Schriftfläche sichtbar. Dann kann man prüfen, wie gut die Schrift zu lesen ist und wie sie auf den Leser wirkt. Man kann **sehen, wie breit oder schmal sie läuft. Bei** *genauerem Hinsehen werden die einzelnen Buchstaben und ihre Besonderheiten erkennbar. Natürlich spielt für die Lesbarkeit einer Schrift*

abcdefghijklmn
opqrstuvwxyzß
ABCDEFGHIJKL
MNOPQRSTUV
WXYZ

egRM

ITC Souvenir
M. F. Benton *1914*
Ed Benguiat *1977*
Die Schrift ist keine Antiqua und keine Grotesk, am ehesten eine Art Egyptienne. Sie hat einen minimalen Strichstärkenkontrast, Stummelansätze von kräftigen Serifen, weiche, bewegte Formen, eine etwas nostalgisch angehauchte Anmutung. Sogleich nach ihrem zweiten Erscheinen wurde sie zu einer beliebten Modeschrift.

GROTESK-VARIANTE

Officina Sans Dies ist ein Blindtext. An ihm lässt sich vieles ablesen über die Schrift, in der er gesetzt ist. Auf den ersten Blick wird der Grauwert der Schriftfläche sichtbar. Dann kann man prüfen, wie gut die Schrift zu lesen ist und wie sie auf den Leser wirkt. Man kann **sehen, wie breit oder schmal sie läuft. Bei genau-** *erem Hinsehen werden die einzelnen Buchstaben und ihre Besonderheiten erkennbar. Natürlich spielt für die Lesbarkeit einer Schrift auch eine Rolle*

abcdefghijklmn
opqrstuvwxyzß
ABCDEFGHIJKL
MNOPQRSTUV
WXYZ

nilMI

Offcina Sans
Erik Spiekermann *1990*
Die Offcina Sans scheint auf den ersten Blick eine reinrassige Grotesk zu sein. Doch fallen einige Besonderheiten auf: i und j haben einen kräftigen Anstrich, das I scheint aus einer Egyptienne zu stammen, das l hat einen umgebogenen Fuß. Das sind die Buchstaben, die es in einer »normalen« Grotesk schwer haben, weil sie mit anderen verwechselt werden können.

Grotesk auf einen Blick

Charakteristik Mit »Grotesk« bezeichnen wir von der Antiqua abstammende Schriften mit mehr oder weniger gleicher Strichstärke ohne Serifen.

Eine Schrift eines wesentlichen Bestandteiles zu berauben, nämlich ihrer »Füßchen«, das war für die Schriftkenner vor 200 Jahren eine »groteske« Vorstellung. Man kann auch von einer kühnen Abstraktion sprechen. Vorbereitung der Moderne.

Für unsere Setzer-Vorväter war es undenkbar, eine dieserart verstümmelte Schrift für Lesetexte einzusetzen. Die Grotesk-Schriften wurden ausschließlich für Anzeigen- und Plakat-Schlagzeilen, nach damaligem Sprachgebrauch »Akzidenzen«, verwendet.

Darum heißt auch der erste weit verbreitete Vertreter dieser Schriftart »Akzidenz-Grotesk«. Sie wurde als Satzschrift um 1908 eingeführt. Zuvor wurden serifenlose Schriften auf den Lithostein gezeichnet, darum bezeichnete man sie auch als »Steinschrift«. Heute ist die Grotesk ebenso verbreitet wie die Antiqua.

Dynamische Grotesk

Charakteristik Die Achsen der Rundungen sind schräg versetzt wie bei der dynamischen Antiqua. Betonung der Waagerechten. Die Buchstaben sind deutlich unterschieden geformt (zweistöckiges g, offenes a).

Die Buchstaben nehmen Kontakt zu ihren Nachbarn im Wortbild auf und gehen wie Wanderer gemeinsam durch die Zeile. Eindeutige Zeilenführung und leicht erkennbare Wortbilder. Gute Lesbarkeit. Ohne Probleme für vielerlei Aufgaben einsetzbar.

Die Entstehung der Formen kann man so erklären: Wenn die Haarstriche einer dynamischen Antiqua verstärkt werden, ergibt sich eine »dynamische Grotesk«. So bleibt eine Spur vom Schreiben mit der Breitfeder mit diesen Schriften verbunden.

Beispiel Gill
Weitere Formata, Frutiger, Goudy Sans, Legacy Sans, Lucida Sans, Maxima, Meta, Myriad, Scala Sans, Stone Sans, Syntax, TheSans, Today Sans, Berling Nova Sans, Haarlemmer Sans, Metro Nova, Rotis Sans Serif

Geometrische Grotesk

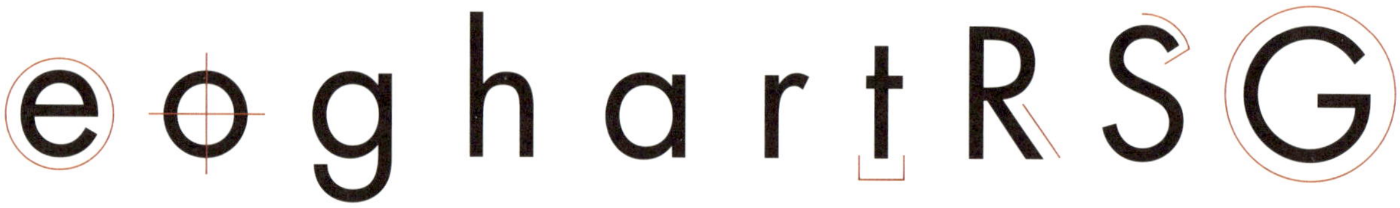

Charakteristik Die kreisrunden Buchstaben der konstruierten Groteskschriften treffen auf ihre Nachbarn im Wort wie Billardkugeln, sie stoßen einander ab. Manche Buchstaben sind einander sehr ähnlich, sie müssen dem Programm folgen – mehr Roboter als Individualisten.

Wer mit diesen Schriften funktionierende Typografie machen möchte, muss viel können. Der Buchstabenabstand muss sehr sorgfältig austariert werden, nicht zu eng und nicht zu weit, ebenso der Wortabstand. Ausreichender Durchschuss ist nötig. So wie sie aus dem Computer kommen, sind diese Schriften meist nicht einsatzfähig.

Die Idee, eine Schrift nicht vom Schreiben her »wachsen« zu lassen sondern zu konstruieren, stammt aus den 20er Jahren. Funktionalismus, »Mechanisierte Graphik« (Paul Renner). Damals entstand eine ganze Reihe von derartigen Grotesk-Schriften. Am berühmtesten und beliebtesten wurde die Futura. Sie ist bis heute im Einsatz. Die konstruierten Grotesk-Schriften können ästhetisch sehr reizvoll sein, machen aber den Typografen das Leben nicht leicht, wenn es um längere Lesetexte geht.

Es gibt auch Groteskschriften, bei denen das Konstruktionsprinzip nicht vom Kreis, sondern vom Rechteck ausgeht. Diese brauchen nicht weniger Sorgfalt.
Beispiel Futura
Weitere Avant Garde, Avenir, Bernhard Gothic, Erbar Grotesk, Eurostile, Kabel, Neuzeit Grotesk, Neuzeit S, Spartan, Brandon Grotesque, Nexa, Soleil, Neutraface

Bei der DIN-Klassifizierung von 1964 wird die »Serifenlose Linearantiqua« als eine nicht weiter zu differenzierende Schriftart definiert. Inzwischen hat man erkannt, dass die Grotesk-Schriften ebenso wie die Antiqua aus stilistisch unterschiedlichen Gruppen bestehen.

Die korrekte Bezeichnung »Serifenlose Linearantiqua« konnte sich nicht so recht einbürgern. Deshalb bin ich zum Setzer-umgangssprachlichen »Grotesk« zurückgekehrt.

Synonyme Antique, Endstrichlose, Gothic, Grotesk, Grotesque, Lineale, Sans Serif, Serifenlose Linearantiqua

Groteskschriften der verschiedenen Stilrichtungen miteinander zu mischen wäre ein grotesker Gedanke.
Auf keinen Fall darf man Groteskschriften der gleichen Stilgruppe miteinander verwenden (zum Beispiel Futura mit Avant Garde).

Statische Grotesk

Charakteristik Die Formen der Buchstaben sind in sich geschlossen. Sie stehen im Wortbild nebeneinander wie Soldaten, lehnen sich aneinander an, aber bewegen sich nicht miteinander durch die Zeile. Die Senkrechte ist betont. Die Achsen stehen senkrecht und waagerecht. Das a ist offen, das g ohne untere Schleife.

Wenn sie zu eng gesetzt werden, kann sich eine »Gartenzaun-Wirkung« ergeben.
Bei mehrzeiligen Texten ist deshalb ein ausreichend großer Durchschuss nötig. Ruhiges, nüchternes Gesamtbild. Wer sie für längere Lesetexte verwenden will, braucht typografische Erfahrung.

Ihren Siegeszug trat sie mit dem Einfluss der »Schweizer Typografie« in den 60er Jahren an. Darum erhielt einer ihrer Haupt-Vertreter die Marken-Bezeichnung »Helvetica«.
Die verschiedenen statischen Grotesk-Schriften waren in der Jahrhundertmitte die am meisten eingesetzte Grotesk-Art.

Ihren formalen Ansatz bezieht sie von der statischen Antiqua. Wenn man deren Haarstriche verstärkt, ergeben sich die Formen dieser Grotesk.
Beispiel Helvetica
Weitere Akzidenz Grotesk, Arial, Corporate S, Folio, Grotesque, Imago, Unica, Univers, Venus, Heimat Sans, Seria Sans

STATISCHE GROTESK, AMERIKANISCHE GROTESK

Charakteristik Schmale Buchstaben, einfache, aber eindeutig ausgeprägte Formen (doppelstöckiges g), die auch bei schlechter Behandlung ihren Zweck erfüllen. Diese Untergruppe der statischen Grotesk wird auch »Amerikanische Grotesk« genannt.

Die oben beschriebene statische Grotesk hat eine Schwester. Ihre Buchstaben sind eher Arbeiter an der gemeinsamen Aufgabe als Soldaten in Reih und Glied. Die Aufgabe lautet: Auch bei schlechtem Druck auf grobem Papier in kleinen Schriftgraden gut lesbar sein, wenig Platz in Anspruch nehmen, kurz: für den Zeitungsdruck im Rotations-Hochdruck spezialisiert sein. Das war um 1906.
Ihre so entwickelten Eigenschaften wurden von einigen neueren Schriften übernommen, sie erweisen sich auch heute als Vorzüge.

Beispiel News Gothic
Weitere Bulldog, Franklin Gothic, Lightline Gothic, Offcina Sans, Trade Gothic, Vectora
Die Bezeichnung »News Gothic« irritiert. Übersetzt heißt das: Zeitungs-Grotesk. »Gothic« hat nichts mit unserem kunsthistorischen Stilbegriff »Gotik« und auch nichts mit der Schrift dieses Namens zu tun. Wahrscheinlich ist »Gothic« als ein ähnlich negativ karikierender Begriff wie »Grotesk« zu verstehen.

Dynamische Grotesk

Die viel verwendete dynamische Grotesk TheSans wird auf den Seiten 18 und 23 vorgestellt.

DYNAMISCHE GROTESK

Gill Dies ist ein Blindtext. An ihm lässt sich vieles ablesen über die Schrift, in der er gesetzt ist. Auf den ersten Blick wird der Grauwert der Schriftfläche sichtbar. Dann kann man prüfen, wie gut die Schrift zu lesen ist und wie sie auf den Leser wirkt. **Man kann sehen, wie breit oder schmal sie** *läuft. Bei genauerem Hinsehen werden die einzelnen Buchstaben und ihre Besonderheiten erkennbar. Natürlich spielt für die Lesbarkeit und die Wirkung*

abcdefghijklmn
opqrstuvwxyzß
ABCDEFGHIJKL
MNOPQRSTUV
WXYZ

aegM

Gill Sans
Eric Gill *1928*
Das war die erste »dynamische Grotesk«, die als Satzschrift erschien. Eine etwas ruppige Schrift mit einem unverkennbaren Schriftbild. Gut lesbar. Die englische Antwort auf die deutsche Futura. Bei der Kursiven weicht das a vom Bild der Geradestehenden ab, das g bleibt zweistöckig.

DYNAMISCHE GROTESK

Syntax Dies ist ein Blindtext. An ihm lässt sich vieles ablesen über die Schrift, in der er gesetzt ist. Auf den ersten Blick wird der Grauwert der Schriftfläche sichtbar. Dann kann man prüfen, wie gut die Schrift zu lesen ist und wie sie auf den Leser **wirkt. Man kann sehen, wie breit oder schmal sie** *läuft. Bei genauerem Hinsehen werden die einzelnen Buchstaben und ihre Besonderheiten erkennbar. Natürlich spielt für die Lesbarkeit und Wirkung*

abcdefghijklmn
opqrstuvwxyzß
ABCDEFGHIJKL
MNOPQRSTUV
WXYZ

agMR

Syntax LT Std
Hans Eduard Meyer *1969*
Die Schrift hatte schon bei Erscheinen das Zeug zum Klassiker, nur haben das nicht viele Typografen gemerkt. Jetzt wurde sie computergerecht um- und ausgebaut und hat alle Chancen zum zeitüberdauernden Erfolg. Die »literarischste« unter den dynamischen Grotesk-Schriften.

DYNAMISCHE GROTESK

Frutiger Dies ist ein Blindtext. An ihm lässt sich vieles ablesen über die Schrift, in der er gesetzt ist. Auf den ersten Blick wird der Grauwert der Schriftfläche sichtbar. Dann kann man prüfen, wie gut die Schrift zu lesen ist und wie sie auf den **Leser wirkt. Man kann sehen, wie breit oder schmal** *sie läuft. Bei genauerem Hinsehen werden die einzelnen Buchstaben und ihre Besonderheiten erkennbar. Natürlich spielt für die Lesbarkeit und*

abcdefghijklmn
opqrstuvwxyzß
ABCDEFGHIJKL
MNOPQRSTUV
WXYZ

gaeG

Frutiger
Adrian Frutiger *1976*
Eine perfekt durchgearbeitete Schrift, die gleich nach ihrem Auftreten im Jahr 1976 die Schriftwelt erobert hat. Die einzige mir bekannte dynamische Grotesk mit einem g ohne untere Schleife.
Als Kursive dient eine schräggestellte Geradestehende.
Die Frutiger ist fast jeder Aufgabe gewachsen, von der Werbung bis zum (Sach-)Buch.

DYNAMISCHE GROTESK

Goudy Sans Dies ist ein Blindtext. An ihm lässt sich vieles ablesen über die Schrift, in der er gesetzt ist. Auf den ersten Blick wird der Grauwert der Schriftfläche sichtbar. Dann kann man prüfen, wie gut die Schrift zu lesen ist und wie sie auf den Leser wirkt. Man kann **sehen, wie breit oder schmal sie läuft. Bei genau**-*erem Hinsehen werden die einzelnen Buchstaben und ihre Besonderheiten erkennbar. Natürlich spielt für die Lesbarkeit und die Wirkung einer Schrift auch eine Rolle*

abcdefghijklmn
opqrstuvwxyzß
ABCDEFGHIJKL
MNOPQRSTUV
WXYZ

geAM

Goudy Sans Pro Book
nach F. W. Goudy *1929/1986*
Man sieht ihr (zum Beispiel beim A oder G) ihre Jugendjahre an. Die Schrift ist ein Beispiel dafür, dass Funktionsfähigkeit und ausdrucksvolle Individualität durchaus zusammenpassen können. Die Kursive führt ein ausgeprägtes Eigenleben.

Dynamische Grotesk

DYNAMISCHE GROTESK

Today Dies ist ein Blindtext. An ihm lässt sich vieles ablesen über die Schrift, in der er gesetzt ist. Auf den ersten Blick wird der Grauwert der Schriftfläche sichtbar. Dann kann man prüfen, wie gut die Schrift zu lesen ist und wie sie auf den Leser wirkt. **Man kann sehen, wie breit oder schmal sie läuft.** *Bei genauerem Hinsehen werden die einzelnen Buchstaben und ihre Besonderheiten erkennbar. Natürlich spielt für die Lesbarkeit und die WIrkung einer Schrift auch eine*

abcdefghijklmn
opqrstuvwxyzß
ABCDEFGHIJKL
MNOPQRSTUV
WXYZ

r t M W

Today
Volker Küster *1988*
Diese Schrift fußt auf der guten Lesbarkeits-Erfahrung der Gill. Als Großfamilie reich ausgebaut. Augenfällig das W, das aus zwei übereinander geschobenen V gebildet ist. Eine schmal laufende, eigenständige echte Kursive. Sehr vielseitig.

DYNAMISCHE GROTESK

Meta Dies ist ein Blindtext. An ihm lässt sich vieles ablesen über die Schrift, in der er gesetzt ist. Auf den ersten Blick wird der Grauwert der Schriftfläche sichtbar. Dann kann man prüfen, wie gut die Schrift zu lesen ist und wie sie auf den Leser wirkt. Man kann **sehen, wie breit oder schmal sie läuft. Bei genauerem** *Hinsehen werden die einzelnen Buchstaben und ihre Besonderheiten erkennbar. Natürlich spielt für die Lesbarkeit und die Wirkung einer Schrift auch eine*

abcdefghijklmn
opqrstuvwxyzß
ABCDEFGHIJKL
MNOPQRSTUV
WXYZ

a l g R

Meta
Erik Spiekermann *1991*
Die Meta ist etabliert. Sie wurde zu einer der meistverwendeten Schriften der 90er Jahre. Schmal laufend, ausgeglichene Proportionen. Ein auffallendes kleines g. Die Kursive ist stark geneigt. Reich ausgebaut, bis hin zu kursiven Mediävalziffern. Ein »dynamischer Arbeiter«.

DYNAMISCHE GROTESK

Fago Dies ist ein Blindtext. An ihm lässt sich vieles ablesen über die Schrift, in der er gesetzt ist. Auf den ersten Blick wird der Grauwert der Schriftfläche sichtbar. Dann kann man prüfen, wie gut die Schrift zu lesen ist und wie sie auf den Leser wirkt. **Man kann sehen, wie breit oder schmal sie läuft.** *Bei genauerem Hinsehen werden die einzelnen Buchstaben und ihre Besonderheiten erkennbar. Natürlich spielt für die Lesbarkeit und die Wirkung*

abcdefghijklmn
opqrstuvwxyzß
ABCDEFGHIJKL
MNOPQRSTUV
WXYZ

a l g M

Fago
Ole Schäfer *2000*
Die Fago hat erst im Jahr 2000 die Schriftwelt betreten und muss sich noch bewähren. Sie hat das Zeug dazu. Vereinheitlichte Proportionen, dennoch eine »dynamische«, die Lesbarkeit fördernde Zeilenführung. Eine Großfamilie, sogar mit kursiven Kapitälchen. Eine echte Kursive, die sich dem Grauwert der Geradestehenden anpasst.

DYNAMISCHE GROTESK

Fedra Sans Dies ist ein Blindtext. An ihm lässt sich vieles ablesen über die Schrift, in der er gesetzt ist. Auf den ersten Blick wird der Grauwert der Schriftfläche sichtbar. Dann kann man prüfen, wie gut die Schrift zu lesen ist und wie sie **auf den Leser wirkt. Man kann sehen, wie breit** *oder schmal sie läuft. Bei genauerem Hinsehen werden die einzelnen Buchstaben und ihre Besonderheiten erkennbar. Natürlich spielt für die Lesbarkeit und die*

abcdefghijklmn
opqrstuvwxyzß
ABCDEFGHIJKL
MNOPQRSTUV
WXYZ

a f g G R

Fedra Sans Pro Book
Peter Bilak *2001*
An der Schwelle zwischen statischer und dynamischer Grotesk hat die sehr gut ausgebaute Fedra einige Extravaganzen: am nicht geschlossenen b, dem f mit Unterlänge oder am R mit seinem deutlichen Schwung ist sie leicht zu erkennen. Mit hohen Mittellängen wirkt sie groß und funktioniert gut in kleinen Schriftgraden. Sie ist für viele Schriftsysteme, auch für arabisch und Hindi einsetzbar; seit 2004 ist sie zur Schriftsippe mit Serif ausgebaut.

Geometrische Grotesk

GEOMETRISCHE GROTESK

Futura Dies ist ein Blindtext. An ihm lässt sich vieles ablesen über die Schrift, in der er gesetzt ist. Auf den ersten Blick wird der Grauwert der Schriftfläche sichtbar. Dann kann man prüfen, wie gut die Schrift **zu lesen ist und wie sie auf den Leser wirkt.** *Man kann sehen, wie breit oder schmal sie läuft. Bei genauerem Hinsehen werden die einzelnen Buchstaben*

abcdefghijklmn
opqrstuvwxyzß
ABCDEGHIJKLMN
OPQRSTUWXYZ

argGM

Futura
Paul Renner *1928*
Der Klassiker unter den konstruierten Grotesk-Schriften. Die Form der Versalien ist auf die römische Capitalis bezogen, die Proportionen auf die Renaissance-Schriften, die Gemeinen sind streng konstruiert. Für Lesetexte nicht ganz leicht zu bewältigen.

GEOMETRISCHE GROTESK

Avenir Dies ist ein Blindtext. An ihm lässt sich vieles ablesen über die Schrift, in der er gesetzt ist. Auf den ersten Blick wird der Grauwert der Schriftfläche sichtbar. Dann kann man prüfen, wie **gut die Schrift zu lesen ist und wie sie auf den** *Leser wirkt. Man kann sehen, wie breit oder schmal sie läuft. Bei genauerem Hinsehen werden die*

abcdefghijklmn
opqrstuvwxyzß
ABCDEGHIJKLM
NOPQRSTUWXYZ

agGM

Avenir
Adrian Frutiger *1988*
Eine Konstruierte, die mit der Hand gezeichnet wurde. »Avenir« bedeutet Zukunft, das deutet auf den Bezug zur Futura hin. Sie hat aber nicht deren Härte, ist leichter zu handhaben und auch bei längeren Texten besser zu lesen. Auffallend das – im Gegensatz zur Futura – offene a.

GEOMETRISCHE GROTESK

Brandon Grotesque Dies ist ein Blindtext. An ihm lässt sich vieles ablesen über die Schrift, in der er gesetzt ist. Auf den ersten Blick wird der Grauwert der Schriftfläche sichtbar. Dann kann man prüfen, wie gut **die Schrift zu lesen ist und wie sie auf den Leser wirkt. Man** *kann sehen, wie breit oder schmal sie läuft. Bei genauerem Hinsehen werden die einzelnen Buchstaben und ihre*

abcdefghijklmn
opqrstuvwxyzß
ABCDEGHIJKLM
NPQRSTUWXYZ

aegM

Brandon Grotesque
Hannes von Döhren *2009*
Eine Schrift, der man ihre Vorbilder aus den 1920er Jahren ansieht. Die minimalen Rundungen an allen Endstrichen geben ihr Wärme. Kleine Mittellängen wirken wie zusätzlicher Durchschuss. Seit 2013 gibt es die Brandon Text, die sich dank der größeren x-Höhe besser für Fließtext eignet.

GEOMETRISCHE GROTESK

Neutraface Dies ist ein Blindtext. An ihm lässt sich vieles ablesen über die Schrift, in der er gesetzt ist. Auf den ersten Blick wird der Grauwert der Schriftfläche sichtbar. Dann kann man prüfen, wie gut die Schrift zu lesen **ist und wie sie auf den Leser wirkt. Man kann sehen, wie** *breit oder schmal sie läuft. Bei genauerem Hinsehen werden die einzelnen Buchstaben und ihre Besonderheiten erkennbar.*

abcdefghijklmn
opqrstuvwxyzß
ABCDEGHIJKLMN
OPQRSTUVWXYZ

aeGR

Neutraface
Christian Schwartz *2002*
Basiert auf Beschriftungen des Wiener Architekten Richard Neutra und atmet Bauhaus-Charakter, aber auch die »Roaring twenties«. In den Display-Schnitten erkennt man das an den nach unten verschobenen Querstrichen. Auch bei dieser Schrift ist die Zeilenbildung durch die geringe Mittelhöhe charakteristisch.

GEOMETRISCHE GROTESK

Avant Garde Gothic
AVANT GARDE GOTHIC

abcdefghijklmn
opqrstuvwxyzß
ABCDEFGHIJKLM
NOPQRSTUVWXYZ

agGM

Avant Garde Gothic
Tom Carnase *1970*
Merkwürdigerweise ist diese Schrift bei Typo-Laien sehr beliebt, obwohl sie im Mengensatz sehr schlecht lesbar ist. Bei Versalzeilen ist sie überzeugend (s. Seite 75).

Statische Grotesk

oah

STATISCHE GROTESK

Univers Dies ist ein Blindtext. An ihm lässt sich vieles ablesen über die Schrift, in der er gesetzt ist. Auf den ersten Blick wird der Grauwert der Schriftfläche sichtbar. Dann kann man prüfen, wie **gut die Schrift zu lesen ist und wie sie auf den** *Leser wirkt. Man kann sehen, wie breit oder schmal sie läuft. Bei genauerem Hinsehen werden die*

abcdefghijklmn
opqrstuvwxyzß
ABCDEFGHIJKLM
NOPQRSTUWXYZ

akGR

Univers
Adrian Frutiger *1957*
Zusammen mit der Akzidenz-Grotesk und der Helvetica (s. Seite 37) war die Univers die prägende Schrift der 60er Jahre. Eine perfekt ausbalancierte statische Grotesk, vor kurzem nochmals überarbeitet und erweitert. Universal.

STATISCHE GROTESK

Arial Dies ist ein Blindtext. An ihm lässt sich vieles ablesen über die Schrift, in der er gesetzt ist. Auf den ersten Blick wird der Grauwert der Schriftfläche sichtbar. Dann kann man prüfen, wie gut die **Schrift zu lesen ist und wie sie auf den Leser** *wirkt. Man kann sehen, wie breit oder schmal sie läuft. Bei genauerem Hinsehen werden die einzelnen*

abcdefghijklmn
opqrstuvwxyzß
ABCDEGHIJKLM
NPQRSTUWXYZ

agkG

Arial
Robin Nicholas und Patricia Saunders *1989–1990*
Große Mittellängen, einfache Formen. Schwer zu beschreiben, da ohne jede Individualität. Alles ist »richtig«, sogar das r hat einen abgeschrägten Bogen (siehe Seite 32). Sie wird häufig eingesetzt, hinterlässt aber bei mir keinerlei Eindruck.

STATISCHE GROTESK, AMERIKANISCHE GROTESK

DIN Dies ist ein Blindtext. An ihm lässt sich vieles ablesen über die Schrift, in der er gesetzt ist. Auf den ersten Blick wird der Grauwert der Schriftfläche sichtbar. Dann kann man prüfen, wie gut die Schrift zu lesen ist und **wie sie auf den Leser wirkt. Man kann sehen, wie breit** *oder schmal sie läuft. Bei genauerem Hinsehen werden die einzelnen Buchstaben und ihre Besonderheiten erkennbar.*

abcdefghijklmn
opqrstuvwxyzß
ABCDEFGHIJKLMN
OPQRSTUVWXYZ

agGR

DIN
Albert-Jan Pool *1995–2009*
Als DIN 1451 wurde die »Mittelschrift« seit den 30er Jahren für Straßenschilder verwendet. Überarbeitet und besser ausgebaut trat die DIN einen Siegeszug an. Die Vertrautheit der Formen und die gewisse Unperfektion einer ursprünglich konstruierten Schrift funktionieren auch als Textfont gut.

STATISCHE GROTESK, AMERIKANISCHE GROTESK

News Gothic Dies ist ein Blindtext. An ihm lässt sich vieles ablesen über die Schrift, in der er gesetzt ist. Auf den ersten Blick wird der Grauwert der Schriftfläche sichtbar. Dann kann man prüfen, wie **gut die Schrift zu lesen ist und wie sie auf Leser** *wirkt. Man kann sehen, wie breit oder wie schmal sie läuft. Bei genauerem Hinsehen werden die einzelnen*

abcdefghijklmn
opqrstuvwxyzß
ABCDEGHIJKLMN
OPQRSTUVWXYZ

aegR

News Gothic
Morris Fuller Benton *1938*
Der Prototyp einer statischen »Arbeiter«-Grotesk: Die Formgebung geht allein vom Zweck aus. Eng laufend, einfache, aber eindeutige Buchstabenformen. Strapazierfähig. Die verschiedenen Computer-Adaptionen sind von unterschiedlicher Qualität.

STATISCHE GROTESK, AMERIKANISCHE GROTESK

Franklin Gothic
Franklin Gothic

Dies ist ein Blindtext. An ihm lässt sich vieles ablesen über die Schrift, in der er gesetzt ist. Auf den ersten Blick wird der Grauwert der Schriftfläche

abcdefghijklmn
opqrstuvwxyzß
ABCDEFGHIJKLM
NOPQRSTUWXYZ

egSR

Franklin Gothic
Morris Fuller Benton *1904*
Oben der ruppige fette Originalschnitt, darunter die geglättete ITC-Fassung von 1980, die es als ganze Schriftfamilie gibt.

Egyptienne auf einen Blick

Charakteristik Mit dem Begriff »Egyptienne« werden Schriften mit (mehr oder weniger) gleichmäßiger Strichstärke und mit kräftigen Serifen bezeichnet.
Die Bezeichnung »Egyptienne« hat sich gegenüber der korrekteren Formulierung »Serifenbetonte Linearantiqua« durch die Jahrzehnte hin erhalten.

Die Bezeichnung »Egyptienne« kann als Marketing-Erfindung verstanden werden. Der Schrifttyp kam nämlich während der Ägypten-Begeisterung in den ersten Jahrzehnten des 19. Jahrhunderts auf, die Bezeichnung sollte wohl die Aktualität betonen.

Heute setzt sich immer mehr die englische Bezeichnung Slab (Platte) durch. Zunächst war die Egyptienne – wie auch die Grotesk – nur als Auszeichnungsschrift gedacht.
Die Egyptienne-Schriften wurden im 20. Jahrhundert nach und nach vielseitig ausgebaut und dienen heute als Headline- wie als Leseschrift.

In vielen Schrift-Sippen werden mittlerweile neben Serif und Sans Serif auch immer öfter Slab Serif-Schnitte angeboten.

Dynamische Egyptienne

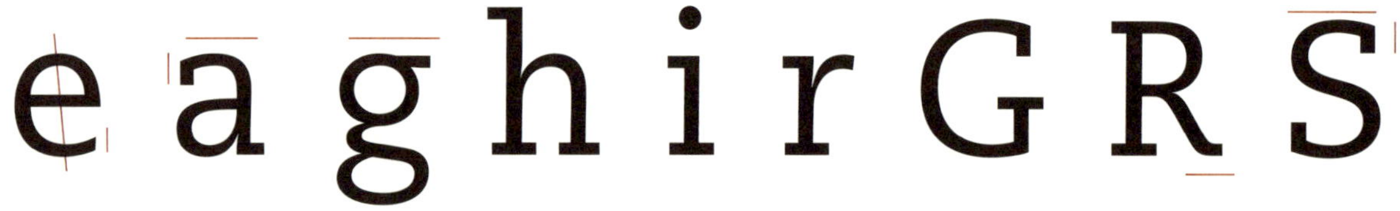

Charakteristik Die Buchstaben sind horizontal ausgerichtet. Die Achsen der Rundungen sind leicht schräg (Erinnerung an das Schreiben mit der Breitfeder). Das g ist zweistöckig, das a offen. Die kräftigen Serifen sorgen für eine eindeutige Zeilenführung. Gut zu erfassende Wortbilder.

Die »Wanderer« bewegen sich sehr diszipliniert fort. Für vielerlei Zwecke einsetzbar, auch für lange Lesetexte und für den Bildschirm.
Bis 1990 gab es praktisch nur eine einzige Schrift, die man als »dynamische Egyptienne« hätte bezeichnen können: die »Joanna« von Eric Gill.

Erst mit der »Caecilia« setzte sich die Erkenntnis durch, dass man der bislang als statisch empfundenen Egyptienne einen »fließenden« Duktus verleihen kann. Seither ist eine ganze Reihe von Egyptienne-Schriften erschienen, die Solidität mit verhaltener Bewegung verbinden.

Beispiel Caecilia
Weitere Joanna, Lino Letter, Lucida Serif, Silica, TheSerif, Vela, Milo Slab, Berlingske Slab, Tisa, Candida

Geometrische Egyptienne

Charakteristik Ausgangspunkt ist – wie bei der geometrischen Grotesk – die Idee, die Buchstaben mit Zirkel und Lineal zu konstruieren. Meist ist das a – anders als beim Beispiel – kreisförmig geschlossen. Die kräftigen, rechtwinklig angesetzten Serifen ergeben eine bessere Zeilenführung als bei der verwandten geometrischen Grotesk. Auch die Wortbilder sind eindeutiger.

Die ersten konstruierten Egyptienne-Schriften sind kurz nach den konstruierten Grotesk-Schriften entstanden, ab 1930. Die Buchstaben folgen dem Konstruktions-Programm wie Roboter, allerdings bei den verschiedenen Vertretern auf sehr unterschiedliche Weise.

Einige konstruierte Egyptienne-Schriften sind (bei typografischem Geschick) als Leseschriften tauglich, andere sollten nur für Einzelzeilen eingesetzt werden.

Beispiel Rockwell
Weitere Beton, City, Cairo, Karnak, Lubalin Graph, Memphis, Stymie

Die Egyptienne-Schriften können – wie Antiqua und Grotesk – in Stil-Gruppen eingeteilt werden. Der Übergang von Egyptienne zu Antiqua ist fließend, vor allem bei halbfetten Antiqua-Schriften und bei manchen Zeitungsschriften.

Die Egyptienne-Schriften der verschiedenen Stilgruppen sollten nicht miteinander gemischt werden, auch nicht die Schriften innerhalb einer Gruppe. Zum Beispiel auf keinen Fall die konstruierte Rockwell mit der ebenfalls konstruierten Lubalin Graph oder mit der auf ganz andere Weise konstruierten City.

Egyptienne-Schriften werden in der Praxis nicht so häufig eingesetzt wie Antiqua und Grotesk, sie haben aber wegen ihrer kräftigen und eindeutigen Formen eine Zukunft bei der Bildschirm-Darstellung.

Synonyme Serifenbetonte Linearantiqua, Slab Serif, Square Serif

Statische Egyptienne

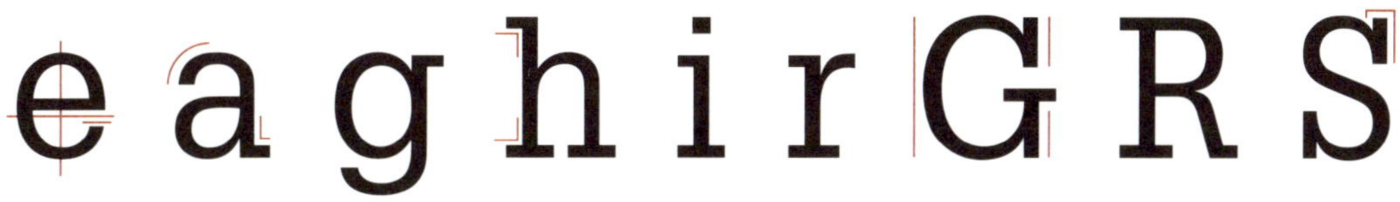

Charakteristik Die Buchstaben tendieren in die Senkrechte. Ihre Formen sind in sich geschlossen. Die Serifen sind rechtwinklig angesetzt. Offenes a, g ohne untere Schleife. Gewissermaßen eine Helvetica oder Univers, die mit kräftigen Füßen bestückt wurde.

Auf dem Kontinent sind Egyptienne-Schriften ungefähr gleichzeitig mit den Grotesk-Schriften im ersten Drittel des 19. Jahrhunderts entstanden. Sie haben sich im Laufe eines Jahrhunderts von dekorativen zu strengen Gebrauchsschriften entwickelt. Ihre Buchstaben-»Soldaten« stehen wie bei der statischen Grotesk jeder für sich im Glied, aber durch die kräftigen Serifen entsteht ein solider Zeilen-Zusammenhang.
Die statischen Egyptienne-Schriften sind im Mengensatz nicht so gut zu lesen wie ihre jüngeren dynamischen Schwestern, aber besser als ihre serifenlosen statischen Grotesk-Verwandten.

Beispiel Glypha
Weitere Boton, Calvert, Corporate E, Dominante, Egizio, Egyptian, Egyptienne F, GST-Gordon, Osiris, Serifa, Archer, Heron Serif

STATISCHE EGYPTIENNE, CLARENDON

Charakteristik Egyptienne-Schriften dieser Ausformung stehen der klassizistischen Antiqua besonders nah. Spürbarer Kontrast der Strichstärken, rund ausgekehlte Serifenansätze. Zweistöckiges g, offenes a; a, g und r mit Tropfen.
Entstehung der Formen: die Haarstriche der statischen Antiqua sind fetter geworden.

Die Clarendon ist ursprünglich die englische Variante der Egyptienne, darum manchmal auch »Englische Egyptienne« genannt. Sie ist bereits um 1820 zu finden. Ihre Formen sind – das ist typisch für englische Schriften – »menschlicher« als ihre kontinentalen Schwestern.

Standfeste Individuen von Buchstaben-Soldaten, die gemeinsam eindeutige Wortbilder und gesicherte Zeilen bilden.
Statische Egyptienne-Schriften dieses Typs sind vielseitig einsetzbar, sowohl für längere Lesetexte wie für Headlines. Von der Clarendon stammen einige Zeitungsschriften ab.

Beispiel Clarendon
Weitere Belizio, Egyptian Extended, Egyptian 710, Sentinel, Egyptienne F

Egyptienne

DYNAMISCHE EGYPTIENNE

Caecilia

Caecilia Dies ist ein Blindtext. An ihm lässt sich vieles ablesen über die Schrift, in der er gesetzt ist. Auf den ersten Blick wird der Grauwert der Schriftfläche sichtbar. Dann kann man prüfen, wie gut die Schrift zu lesen ist und wie sie auf den **Leser wirkt. Man kann sehen, wie breit oder** *schmal sie läuft. Bei genauerem Hinsehen werden die einzelnen Buchstaben und ihre Besonderheiten erkennbar. Natürlich spielt für die Lesbarkeit und Wirkung*

abcdefghijklmn
opqrstuvwxyzß
ABCDEFGHIJKL
MNOPQRSTUV
WXYZ

agGR

Caecilia
Peter Matthias Noordzij *1991*
Eine freundliche und lesefreundliche Schrift.
Für Mengentexte wie für Headlines geeignet. Ruhiges, gleichmäßiges Schriftbild.
Der Durchschuss sollte nicht zu knapp sein. Sie ist reich ausgebaut und hat eine echte Kursive.

STATISCHE EGYPTIENNE

Milo Slab

Milo Slab Dies ist ein Blindtext. An ihm lässt sich vieles ablesen über die Schrift, in der er gesetzt ist. Auf den ersten Blick wird der Grauwert der Schriftfläche sichtbar. Dann kann man prüfen, wie gut die Schrift zu lesen ist und **wie sie auf den Leser wirkt. Man kann sehen, wie breit** *oder schmal sie läuft. Bei genauerem Hinsehen werden die einzelnen Buchstaben und ihre Besonderheiten erkennbar. Natürlich spielt für die Lesbarkeit und Wirkung*

abcdefghijklmn
opqrstuvwxyzß
ABCDEFGHIJKL
MNOPQRSTUV
WXYZ

agGR

Milo Slab
Michael Abbink/
Paul van der Laan *2014*
Eine der vielen Schrift-Sippen, die mittlerweile auch serifenbetonte Schnitte anbieten, bei denen die Serifen nicht nur »angeklebt« sind. Lesefreundlich und dank vieler verschiedener Abstufungen im jeweils gewünschten Grauwert einsetzbar.

GEOMETRISCHE EGYPTIENNE

Rockwell

Rockwell Dies ist ein Blindtext. An ihm lässt sich vieles ablesen über die Schrift, in der er gesetzt ist. Auf den ersten Blick wird der Grauwert der Schriftfläche sichtbar. Dann kann man prüfen, wie gut die Schrift zu lesen ist **und wie sie auf den Leser wirkt. Man kann** *sehen, wie breit oder schmal sie läuft. Bei genauerem Hinsehen werden die einzelnen Buchstaben und ihre Besonderheiten erkennbar. Natürlich*

abcdefghijklmn
opqrstuvwxyzß
ABCDEFGHIJKL
MNOPQRSTUV
WXYZ

aeGR

Rockwell
Monotype Corporation *1933*
Eine geometrische Egyptienne, die zwar etwas hart und unverbindlich auftritt, aber nicht vor lauter formaler Konsequenz das Lesen behindert. Ein Klassiker. Die Kursive entspricht in den Formen der Geradestehenden.

GEOMETRISCHE EGYPTIENNE

Lubalin Graph

Lubalin Graph
LUBALIN GRAPH

abcdefghijklmn
opqrstuvwxyzß
ABCDEFGHIJKL
MNOPQRSTUV
WXYZ

acGR

Lubalin Graph
Herb Lubalin *1974*
Das ist die »Schwester« der Avant Garde Gothic. Kompromisslos durchkonstruiert. Sehr große Mittellängen. Nur für einzelne Zeilen geeignet, nicht für mehrzeilige Texte.

Egyptienne

STATISCHE EGYPTIENNE

Serifa Dies ist ein Blindtext. An ihm lässt sich vieles ablesen über die Schrift, in der er gesetzt ist. Auf den ersten Blick wird der Grauwert der Schriftfläche sichtbar. Dann kann man prüfen, wie gut die Schrift zu lesen ist und wie sie auf den Leser wirkt. **Man kann sehen, wie breit oder schmal sie läuft.** *Bei genauerem Hinsehen werden die einzelnen Buchstaben und ihre Besonderheiten erkennbar. Natürlich spielt für die Lesbarkeit und*

abcdefghijklmn
opqrstuvwxyzß
ABCDEFGHIJK
LMNOPQRSTUV
WXYZ

agGR

Serifa
Adrian Frutiger *1968*
Sachlich, ruhig, sehr breit laufend. Große Mittellängen. Dennoch bei ausreichendem Durchschuss gut lesbar. Die Kursive ist eine schräg gestellte Grundschrift – natürlich eigens sorgfältig durchgearbeitet.

STATISCHE EGYPTIENNE

Egizio Dies ist ein Blindtext. An ihm lässt sich vieles ablesen über die Schrift, in der er gesetzt ist. Auf den ersten Blick wird der Grauwert der Schriftfläche sichtbar. Dann kann man prüfen, wie gut die Schrift zu lesen ist und **wie sie auf den Leser wirkt. Man kann** *sehen, wie breit oder schmal sie läuft. Bei genauerem Hinsehen werden die einzelnen Buchstaben und ihre Besonderheiten erkennbar. Natürlich*

abcdefghijklmn
opqrstuvwxyzß
ABCDEFGHIJKL
MNOPQRSTUV
WXYZ

agGR

Egizio
Aldo Novarese *1955*
Im Gegensatz zur Glypha kleinere Mittellängen und größere Ober- und Unterlängen. Gut lesbar, eindeutige Wortbilder. Sie könnte auch der statischen Antiqua, den »Arbeitern« zugeordnet werden. Die Kursive hat eigenständige Formen des a und g, ist aber im Duktus der Normalen angepasst.

STATISCHE EGYPTIENNE

Clarendon Dies ist ein Blindtext. An ihm lässt sich vieles ablesen über die Schrift, in der er gesetzt ist. Auf den ersten Blick wird der Grauwert der Schriftfläche sichtbar. Dann kann

Dies ist ein Blindtext. An ihm lässt sich vieles ablesen über die Schrift, in der er gesetzt ist. Auf den ersten Blick wird der Grauwert der Schriftfläche sichtbar. Dann kann man prüfen, wie gut die Schrift zu lesen ist und wie sie auf den Leser

Dies ist ein Blindtext. An ihm lässt sich vieles ablesen über die Schrift, in der er gesetzt ist. Auf den ersten Blick wird der Grauwert der Schriftfläche sichtbar. Dann kann man prüfen, wie gut die Schrift zu lesen ist und wie sie auf

abcdefghijklmn
opqrstuvwxyzß
ABCDEFGHIJKL
MNOPQRSTUV
WXYZ

akGR

Clarendon *1820*
Hermann Eidenbenz *1952*
Breit laufend, eindeutige Wortbilder, gute Zeilenführung. Für Headlines wie für Lesetexte einsetzbar. Auch in den fetteren Schnitten – hier stellvertretend für andere Schriften dargestellt – gut brauchbar. Je fetter, desto ausgeprägter wird der »Zeilencharakter«. Großer Durchschuss verstärkt das noch.

Schrift-Sippen

Etwa um 1990 hatte sich die Auffassung verbreitet, dass man Schriften nicht nur als Familien und Großfamilien konzipieren solle – also zum Beispiel eine Grotesk mit verschiedenen Fetten, unterschiedlichen Laufweiten, Kursiven, Kapitälchen, verschiedenen Ziffern usw. –, sondern als Schrift-Sippe: zwei oder mehrere Schriftfamilien – Antiqua, Grotesk, Egyptienne – mit aufeinander bezogenen Formen, womöglich sogar mit einheitlicher Laufweite.
Das enthebt die Typografen der manchmal schwierigen Entscheidungen bei der Schriftmischung: Man kann in der Sippe bleiben.

Auf diesen Seiten werden vier Schrift-Sippen mit zum Teil recht unterschiedlichem Charakter vorgestellt. Mittlerweile werden sehr viele neue Schriften gleich als Sippe konzipiert. Als Erster hat Gerard Unger mit seinen Schriften Demos (Antiqua) und Praxis (Grotesk) bereits in den Jahren 1976/77 den Schrift-Sippen-Ansatz realisiert.

Weitere Schrift-Sippen
Legacy Legacy Sans, Legacy Serif
Lucida Lucida Bright, Lucida Sans, Lucida Fax, Lucida Typewriter, Lucida Handwriting Italic, Lucida Calligraphy Italic, Lucida Blackletter
Stone Stone, Stone Sans, Stone Informal
Offcina Offcina (eine Egyptienne), Offcina Sans (Grotesk)
Thesis siehe Seite 23

STATISCHE SIPPE

Corporate

Corporate A Dies ist ein Blindtext. An ihm lässt sich vieles ablesen über die Schrift, in der er gesetzt ist. Auf den ersten Blick wird der Grauwert der Schriftfläche sichtbar. Dann kann man prüfen, wie gut die Schrift zu *lesen ist und wie sie auf den Leser wirkt. Man kann*

abcdefghijklmn
opqrstuvwxyzß
ABCDEFGHIJKLM
NOPQRSTUWXYZ

Corporate S Dies ist ein Blindtext. An ihm lässt sich vieles ablesen über die Schrift, in der er gesetzt ist. Auf den ersten Blick wird der Grauwert der Schriftfläche sichtbar. Dann kann man prüfen, wie gut die Schrift zu *lesen ist und wie sie auf den Leser wirkt. Man kann*

abcdefghijklmn
opqrstuvwxyzß
ABCDEFGHIJKLM
NOPQRSTUWXYZ

Corporate E Dies ist ein Blindtext. An ihm lässt sich vieles ablesen über die Schrift, in der er gesetzt ist. Auf den ersten Blick wird der Grauwert der Schriftfläche sichtbar. Dann kann man prüfen, wie gut die Schrift zu *lesen ist und wie sie auf den Leser wirkt. Man kann*

abcdefghijklmn
opqrstuvwxyzß
ABCDEFGHIJKLM
NOPQRSTUWXYZ

Corporate
Kurt Weidemann *1990*
Die Corporate-Sippe wurde zunächst als Hausschrift für den Daimler-Benz-Konzern entworfen. Inzwischen dürfen wir alle sie benutzen.
Die Sippe besteht aus drei Gliedern: Corporate A (Antiqua), Corporate S (Grotesk), Corporate E (Egyptienne). Alle haben vier oder fünf Fetten, Kapitälchen und Mediävalziffern, das ist vor allem bei einer Egyptienne nicht selbstverständlich.
Die Corporate A hat eine echte Kursive, bei der S und E ist es die schräg gestellte Geradestehende. Sie läuft relativ eng, ist ein wenig nüchtern, aber grundsolide.

STATISCHE SIPPE

Scala

Scala Dies ist ein Blindtext. An ihm lässt sich vieles ablesen über die Schrift, in der er gesetzt ist. Auf den ersten Blick wird der Grauwert der Schriftfläche sichtbar. Dann kann man prüfen, wie gut die Schrift *zu lesen ist und wie sie auf den Leser wirkt. Man kann*

abcdefghijklmn
opqrstuvwxyzß
ABCDEFGHIJKLM
NOPQRSTUWXYZ

Scala Sans Dies ist ein Blindtext. An ihm lässt sich vieles ablesen über die Schrif t, in der er gesetzt ist. Auf den ersten Blick wird der Grauwert der Schriftfläche sichtbar. Dann kann man prüfen, wie gut die Schrift zu *lesen ist und wie sie auf den Leser wirkt. Man kann sehen*

abcdefghijklmn
opqrstuvwxyzß
ABCDEFGHIJKLM
NOPQRSTUWXYZ

SCALA JEWEL CRYSTAL

SCALA JEWEL PEARL

abcdefghijklmn
opqrstuwxyzß
ABCDEFGHIJKLM
NOPQRSTUVWXYZ

Scala
Martin Majoor *1991–1998*
Scala Regular und Bold – jeweils mit einem sehr schmalen Schnitt und mit Kapitälchen. Eine Schrift zwischen Antiqua und Egyptienne. Kräftige Serifen, geringer Strichstärkenkontrast, die ungekünstelten und straffen Formen eher auf eine Antiqua verweisend, eine sehr lebendige Kursive.
Scala Sans – Vier Fetten, mit echter Kursiv und einem schmalen Schnitt. Geringer Platzbedarf, lese- und gebrauchsgerecht.
Scala Jewel – Der selten unternommene Versuch, den Gebrauchsschriften dekorative Schriftschnitte zuzugesellen, die stilistisch mitspielen, aber in eine andere Welt verführen.

Schrift-Sippen

DYNAMISCHE SIPPE

Rotis

Rotis Sans Dies ist ein Blindtext. An ihm lässt sich vieles ablesen über die Schrift, in der er gesetzt ist. Auf den ersten Blick wird der Grauwert der Schriftfläche sichtbar. Dann kann man prüfen, wie gut die Schrift zu lesen ist und wie *sie auf den Leser wirkt. Man kann nachmessen, wie breit*

abcdefghijklmn
opqrstuvwxyzß
ABCDEFGHIJKLMN
OPQRSTUVWXYZ

Rotis Semi Sans Dies ist ein Blindtext. An ihm lässt sich vieles ablesen über die Schrift, in der er gesetzt ist. Auf den ersten Blick wird der Grauwert der Schriftfläche sichtbar. Dann kann man prüfen, wie gut die Schrift zu lesen ist *und wie sie auf den Leser wirkt. Man kann nachmessen*

abcdefghijklmn
opqrstuvwxyzß
ABCDEFGHIJKLMN
OPQRSTUVWXYZ

Rotis Semi Serif Dies ist ein Blindtext. An ihm lässt sich vieles ablesen über die Schrift, in der er gesetzt ist. Auf den ersten Blick wird der Grauwert der Schriftfläche sichtbar. Dann kann man prüfen, wie gut die Schrift zu lesen ist. [Leider gibt es keinen Kursivschnitt.]

abcdefghijklmn
opqrstuvwxyzß
ABCDEFGHIJKLM
NOPQRSTUVWXYZ

Rotis Serif Dies ist ein Blindtext. An ihm lässt sich vieles ablesen über die Schrift, in der er gesetzt ist. Auf den ersten Blick wird der Grauwert der Schriftfläche sichtbar. Dann kann man prüfen, wie gut die Schrift zu *lesen ist und wie sie auf den Leser wirkt. Man kann*

abcdefghijklmn
opqrstuvwxyzß
ABCDEFGHIJKLM
NOPQRSTUWXYZ

Rotis
Otl Aicher *1989*
In den 90er Jahren die Lieblingsschrift der Designer. Die Sippe besteht nicht nur aus etablierten historischen Schriftarten, sondern auch aus Zwischenformen: der Rotis SemiSans und der Rotis SemiSerif. Die SemiSans hat einen größeren Strichstärken-Kontrast als die »normale« Grotesk, die Rotis Sans. Die SemiSerif folgt den Grundformen der Rotis Antiqua, hat aber keine Serifen, nur bei einigen Buchstaben spitze Anstriche. Alle sind schmal, vor allem die Versalien, deren Proportionen einander angeglichen sind. Die Kursive der Serif ist eine echte Kursive; die der Sans und SemiSans schräg gestellt. Wegen der Gleichförmigkeit können bei Lesetexten Probleme beim Erfassen der Wortbilder entstehen. Da braucht man viel Erfahrung. Für Einzelzeilen ist sie problemlos einsetzbar.

DYNAMISCHE SIPPE

Quadraat

Quadraat Dies ist ein Blindtext. An ihm lässt sich vieles ablesen über die Schrift, in der er gesetzt ist. Auf den ersten Blick wird der Grauwert der Schriftfläche sichtbar. Dann kann man prüfen, wie gut die Schrift zu lesen *ist und wie sie auf den Leser wirkt. Man kann sehen, wie breit*

abcdefghijklmnop
qrstuvwxyzß
ABCDEFGHIJKLM
NOPQRSTUVWXYZ

Quadraat Sans Dies ist ein Blindtext. An ihm lässt sich vieles ablesen über die Schrift, in der er gesetzt ist. Auf den ersten Blick wird der Grauwert der Schriftfläche sichtbar. Dann kann man prüfen, wie gut die Schrift zu *lesen ist und wie sie auf den Leser wirkt. Man kann sehen, wie*

abcdefghijklmnop
qrstuvwxyzß
ABCDEFGHIJKLM
NOPQRSTUVWXYZ

Quadraat Display Italic
Quadraat Display Bold Italic
Quadraat Display demi Bold
Quadraat Display Black

abcdefghijklmn
opqrstuwxyzß
ABCDEFGHIJKLM
NOPQRSTUVWXYZ

Quadraat
Fred Smeijers *1992–1998*
Zur Quadraat-Sippe gehören drei Familien: Die Antiqua, die Grotesk (Quadraat Sans) und die Quadraat Display. Die Familien beschränken sich auf wenige Fetten, haben Kapitälchen und Mediävalziffern.
Die Schrift ist insgesamt nicht darauf angelegt, aufzufallen, sondern bei geringem Platzbedarf funktionstüchtig, vor allem gut lesbar zu sein. Dennoch fällt etwas auf, und zwar bei allen drei Sippen-Mitgliedern: Die sehr steile, enge echte Kursive.
Die Quadraat beruht auf dem genauen Studium der historisch gewachsenen Schriften und ihren Proportionen, sowie der genauen Kenntnis der Anforderungen an eine Schrift im Computerzeitalter.

Schreibschriften aus drei Blickwinkeln

Der Begriff »Schreibschriften« ist komplex. In der DIN-Klassifikation von 1964 gab es die beiden Gruppen »Schreibschriften« und »Handschriftliche Antiqua«.
Die Abgrenzung war unklar, die Zuordnung willkürlich. Deshalb fasse ich alle Schriften mit Schreibcharakter zusammen.

»Schrift kommt von Schreiben.« So wurde auf Seite 14 postuliert. Jedoch ist es kaum möglich, eine Garamond, Gill oder Bodoni formgetreu zu schreiben. Der Bezug zur geschriebenen Schrift ist nur noch eine Form-Erinnerung. Es gibt aber eine – ständig wachsende – Anzahl von Schriften, die aussehen sollen »wie geschrieben«.

Bei den älteren, für den Bleisatz entworfenen Schreibschriften spürt man noch die handwerkliche Mühe, die fließenden Formen zusammenzufügen. Das führte zu einer gewissen Sicherheit der Formen.
Bei den jüngeren, für den Computersatz gestalteten Schreibschriften, scheint es keine Grenzen mehr zu geben.

Es ist mir nicht gelungen, die Schreibschriften ähnlich schlüssig zu ordnen, wie das bei den dynamischen und statischen Schriften gelungen ist. Dennoch dürfte eine Differenzierung beim Aussuchen derartiger Schriften hilfreich sein.

Gliederung nach dem Stil

Eine auf den Stil bezogene Gliederung der Schreibschriften ist vor allem dann sinnvoll, wenn man an Schriftmischung denkt. In diesem Sinn sind die Schreibschriften in die Matrix (Seite 78/79) eingeordnet. Diese Zuordnung ist aber nur bei einem Teil der Schreibschriften nachvollziehbar.

Stilistisch zu den dynamischen Schriften passend

Rafgenduks — Arioso

Rafgenduks — Zapf Chancery

Stilistisch zu den statischen Schriften passend

Rafgenduks — Künstler Script

Rafgenduks — Edwardian Script

Rafgenduks — Balmoral

Rafgenduks — Dorchester Script

Gliederung nach dem Schreibwerkzeug

Die Werkzeuge (Seite 14) bestimmen die Form der geschriebenen Schriften in viel höherem Maße als zum Beispiel die Formen der Antiqua. Deshalb können auch sie als Ansatz für eine Differenzierung dienen.

Breitfeder, Rohrfeder, Breitpinsel (Bandzug)

RAFGENDUKS — Banco

Rafgenduks — Zapfino

Spitzfeder (Schwellzug)

Rafgenduks — Künstler Script

Redisfeder (Schnurzug)

Rafgenduks — Monoline Script

Pinsel

Rafgenduks — Reporter

Filzschreiber u. Ä.

Rafgenduks — Linotype Sketch

Es bieten sich verschiedene Ordnungs-Möglichkeiten an, die ich parallel zueinander darstellen möchte.

Die Zuordnung nach dem **Stil** der Schreibschriften, das heißt nach der Frage, wie sie sich zu den dynamischen oder statischen Antiqua-, Grotesk- und Egyptienne-Schriften verhalten.

Die Gliederung nach dem **Schreibwerkzeug**, das die Form der Schreibschriften bestimmt hat.

Die Differenzierung nach dem **Charakter** der Schreibschriften, also in Satzschriften mit Schreibcharakter einerseits und in Handschrift-Imitationen andererseits.

Die Schreibschriften sind in der Regel nur für einzelne Wörter oder Zeilen geeignet, nicht für mehrzeilige Texte oder gar ganze Seiten.
Damit die Wirkung der Schriften verglichen werden kann, sind sie anhand eines Kunstworts gezeigt.

Bei den Schreibschriften habe ich darauf verzichtet, weitere Schriften als die Beispiele zu benennen. Die Seiten würden überlaufen, so viele Schriften gibt es.
Die drei alternativen Gliederungs-Ansätze gelten für alle Schriften. Deshalb kann eine Schrift hier mehrfach erscheinen.

Gliederung nach dem Schriftcharakter

Die An- und Abstriche sind kunstvoll miteinander verbunden, als ob die Wörter in einem Zug geschrieben seien.

Doch das ist nur scheinbar so. In Wahrheit sind es sorgfältig durchgearbeitete Satzschriften.

Eigentlich müssten solche Schriften von jedem Buchstaben mehrere Ausformungen haben, wenn die Handschrift-Wirkung überzeugen soll.

Satzschriften mit Schreibschriftcharakter

Muster	Schrift
Rafgenduks	Mistral
Rafgenduks	Lino Script
Rafgenduks	Künstler Script
Rafgenduks	Reporter
Rafgenduks	Charme
Rafgenduks	Monoline Script
Rafgenduks	Rage Italic
Rafgenduks	Zapfino

Charakter spontaner Handschriften

Muster	Schrift
Rafgenduks	Justlefthand
Rafgenduks	Erikrighthand
Rafgenduks	Wiesbaden Swing
Rafgenduks	Freestyle Script
Rafgenduks	Caflisch Script
Rafgenduks	Graffo
Rafgenduks	Pepita
Rafgenduks	Choc

Dekorative Schriften

Schrift ist nicht nur zum Lesen da. Sie will auch zeigen, wie schön oder wie stark sie ist. Früher, vor Gutenbergs Zeiten, führten die Schreibmeister ihre kalligraphische Virtuosität vor. Seit Schriften zum Drucken angefertigt wurden, hat man auch extra schöne Schriften geschnitten. Zunächst als Initialen, später als selbständige Alphabete.

Heute, im Zeitalter des Computers, gibt es eine überwältigende Fülle von Schriften, die mehr Mittel zum Zweck der Selbstdarstellung zu sein scheinen als der lesbaren Vermittlung von Mitteilungen zu dienen. Das ist legitim. Schmuckbedürfnis ist ein Grundbedürfnis der Menschen, auch der Schriftkünstler.

Manche Schriften scheinen auch geschaffen, um einem bestimmten Lebensgefühl Ausdruck zu geben. Sie sind für den Tag hochbeliebt und bald vergessen. Andere verkörpern schon an die hundert Jahre den Geist ihrer Zeit. Einige der hier gezeigten Schriften waren zunächst durchaus als Gebrauchsschriften geplant, haben aber auf Dauer als »Display«-Schriften überlebt.

Manche spielen mit den tradierten Schriftformen, andere verändern sie geradezu provokativ. Die Qualität ist höchst unterschiedlich. Sie reicht von flapsig am Bildschirm zurechtgebastelten Schriften (solche sind hier nicht gezeigt) bis zu durchdachten und durchgefeilten Formen.

Dekorierte Alphabete

BODONI FLORAL INITIALS ABCDEGHJKLMNSTU

1993

SAPHIR ABCDEFGHIJKLMNOPQRSTUVWXYZ

1953

ROSEWOOD ABCDEFGHIJKLMNOPQRSTUVWXYZ

1944

BUXOM ABCDEFGHIJKLMNOPQRSTUVWXYZ

1993

Nostalgische Schriften

Arnold Böcklin abcdefghijklmnopABCDEFGHIJKLMNOP

1904

Eckmann abcdefghijklmnopqrstABCDEFGHIJKLMNOPQRST

1900

RENNIE MACKINTOSH ABCDEFGHIJKLMNOPQRSTUVWXYZ

1996

Bernhard abcdefghijklmnopqrstuvwxyz ABCDEFGHIJKLMNOPQR

1912

Broadway abcdefghijklmnopABCDEFGHIJKLMNOP

1925

AVENIDA ABCDEFGHIJKLMNOPQRSTUVWXYZ ABCDEFGHIJKLMNOPQRSTUVWXYZ

1994

Wie soll man für den »Wegweiser Schrift« aus der Fülle dieser Schriften auswählen? Ich habe das ganz subjektiv gemacht und Schriften herausgesucht, die ich persönlich für interessant, schön, atmosphärereich, typisch oder gar aufregend halte. Ich weiß, dass jeder Kollege bei der Auswahl zu anderen Ergebnissen käme.

Wie soll man derartige Schriften einteilen? In der Matrix auf Seite 78/79 habe ich sie den formalen Kriterien zugeordnet – mit Serifen, ohne Serifen usw. Auf dieser Seite versuche ich es mit der Formulierung von Empfindungen. Das ist keine verbindliche Einteilung und schon gar keine wissenschaftliche Klassifizierung, nur ein Wegweiser.

Zur Mischung mit anderen Schriften kann hier keine Empfehlung gegeben werden. Es sind wohl in fast jedem Fall Kontrastmischungen und keine stilharmonischen Mischungen. Das Gelingen hängt vom Feingefühl des Typografen ab.
Die dekorativen Schriften sind in der Regel nur für Einzelzeilen geeignet. Die Schriftwahl hängt entschieden vom jeweiligen Wortbild ab.

Deshalb wurde hier nach dem Schriftnamen das Alphabet zum Buchstabenüberblick abgesetzt.
Eine präzise Benennung dieser Schriftcharaktere wurde bisher nicht gefunden.

Synonyme
Antiqua-Varianten, Display, Schau-Schriften

»Starke« Schriften

Futura Black abcdefghijklmnopABCDEFGHIJKLMNOP

1929

AVANT GARDE BOLD ALTERNATE AANTMMSTTHUTRAW

1970

Westside abcdefghijklmnopqrstuv ABCDEFGHIJKLMNOPQRSTUV

1989

Ad Lib abcdefghijklmopqrABCDEFGHIJKLMNOPQR

1961

BUSTER ABCDEFGHIJKLMNOPQRSTUVWXYZ

1972

Provozierende Schriften

STOP ABCDEFGHIJKLMNOPQRSTUVWXYZ

1971

Renee Display abcdefghijklABCDEFGHIJKL

1997

PEIGNOT AbcdEfGHijklMNOPQRSTUVWXYZ

1937

agrafie abcdefghijklmopqraBCDEFGHIJKLMNOPQR

1994

Ghost chase abcdefghijklmnopqrstuv

2013

»Fraktur« auf einen Blick

Gebrochene Schriften
Synonym Blackletter

»Fraktur« ist falsch. So heißt nur der jüngste Vertreter der »gebrochenen Schriften«, wie es korrekt, aber wenig griffig heißen muss.
Die Schriftart wird grob in vier verschiedene Gruppen unterteilt. Natürlich gibt es auch hier viele Vor- und Zwischenformen und Varianten.

Die älteste der gebrochenen Schriften hat sich im 14. Jahrhundert entwickelt, wurde um 1450 zur ersten Satzschrift, nämlich zu Gutenbergs Schrift, erhielt gegen Ende des 15. Jahrhunderts mit der Antiqua einen ernsthaften Konkurrenten, entwickelte sich weiter und blieb in Deutschland bis 1941 parallel zur Antiqua als Gebrauchsschrift im Einsatz.

Über ihr Schicksal unter den Nazis wird auf Seite 11 kurz berichtet. Heute dienen die gebrochenen Schriften vor allem als Hinweis auf Tradition und Gemütlichkeit. Zugleich werden sie von der rechten Szene missbraucht.

Es gibt bei der Fraktur ungewohnte Buchstaben. Haben Sie Schwierigkeiten, diese beiden Worte zu lesen?:

ſifkus rex

Sie heißen sifkus rex und zeigen ein paar der Stolpersteine: rundes s, langes s, das fast so aussieht wie das f, das k ähnelt dem t und das x könnte man mit einem r verwechseln.

Gotisch

a d n o g B H S

Die Schrift der französischen Gotik, auch im späteren Deutschland seit dem 15. Jahrhundert als Gebrauchsschrift etabliert.
Charakteristik Die Kleinbuchstaben sind konsequent aus breitfedergerecht gebrochenen Strichen zusammengesetzt. Die An- und Abstriche sind rauten- oder würfelförmig. Die in der damaligen »Schriftsprache« Lateinisch selten gebrauchten Großbuchstaben sind auf unterschiedliche Weise dekorativ geformt.
Synonym Textur (wahrscheinlich nach dem gewebeartigen Gesamtbild so bezeichnet).

Beispiel Manuskript Gotisch
Weitere Agincourt, Caslon-Gotisch, Cloister Black, Engraves Old Englisch, Goudy Text, Notre Dame, Weiß-Gotisch, Wilhelm-Klingspor-Gotisch

Rundgotisch

a d n o g B H S

Südlich der Alpen erscheinen die Schriften der Gotik einfacher und weniger hart geformt als im Norden.

Charakteristik Gespannte Rundungen statt der Brechungen. Keine rauten- oder würfelförmigen An- und Abstriche.

Die Versalien sind bei den verschiedenen Schnitten uneinheitlich. Sie sind immer einfacher geformt als bei der Textur.

Synonym Rotunda
Beispiel Wallau
Weitere Cresci Rotunda, Ophelia, San Marco, Weiss-Rundgotisch

Schwabacher

a d n o g B H S

Die Schrift, in der Luthers Bibelübersetzung unter die Leute kam, wodurch sich die deutsche Sprache konsolidierte.

Charakteristik Eine kräftige, breit laufende, vom Schreiben stammende Schrift mit sowohl gebrochenen als auch runden Formen.

Typisch ist der kräftige Querstrich beim g. Ungewohnte Formen der Versalien H und S. Die Herkunft der Bezeichnung »Schwabacher« ist unklar.

Beispiel Alte Schwabacher
Weitere Ehmcke-Schwabacher, Nürnberger Schwabacher, Renata, Schneidler Schwabacher

Fraktur

a d n o g B H S

Für den Kaiser entworfen (um 1512, also zur Zeit der Renaissance), von den Bürgern gelesen (bis 1941).

Neben der Antiqua jahrhundertelang die Gebrauchsschrift schlechthin. Es ist die einzige Schriftart, die zu Recht als »Fraktur« zu bezeichnen ist.

Charakteristik Schmal laufend, gebrochene und geschwungene Formen kombiniert. Gespaltener Kopf bei b, h, k und l.

Beispiel Luthersche Fraktur
Weitere Breitkopf-Fraktur, Fette Fraktur, Justus Fraktur, Poppe Fraktur, Unger-Fraktur, Wittenberger Fraktur, Zentenar-Fraktur

»Fraktur«

Gotisch

Manuskript Gotisch

Diese historische Schrift und ihre Verwandten werden bis zum heutigen Tag international eingesetzt.

Sie ist von einer religiösen Schrift zu einer Zeitungskopf-Schrift geworden.

Johannes

Der Versuch, die erste Satzschrift für den Computersatz zu rekonstruieren.

Anhand einer derartigen Schrift realisierte Johannes Gutenberg um 1450 seine Erfindung des Satzes mit beweglichen Typen.

Tannenberg

Der formale Ansatz dieser Gotisch ohne die rautenförmigen Abstriche stammt aus dem 14. Jahrhundert.

In Besitz genommen wurden derartige Schriften durch die Nazis. Schrift im gleichen Schritt und Tritt.

Rundgotisch

San Marco

Eine Rundgotisch für den Computersatz.

Der formal gelungene Versuch Karlgeorg Hoefers, der Schrift von 1500 im Jahre 1991 neues Leben einzuhauchen.

Schwabacher

Alte Schwabacher

Der Nachschnitt des historischen Vorbilds.

Es ist – trotz mancher Versuche – keiner späteren Variante gelungen, dessen Qualität zu erreichen.

Fraktur

Luthersche Fraktur

In solchen »gutbürgerlichen« Fraktur-Schriften haben viele Generationen unserer Vorfahren die Zeitung und Bücher gelesen.

Die Bezeichnung »Luthersche« kommt vom Namen der Schriftgießerei, nicht von Martin.

Unger-Fraktur

Der Versuch Friedrich Georg Ungers (um 1800), eine gebrochene Schrift im Sinne der klassizistischen Didot-Antiqua zu schaffen.

Es ist eine künstlich-sensible Fraktur entstanden, die aber keine Nachfolger fand.

Fette Fraktur

Im letzten Drittel des 19. Jahrhunderts für den lautstarken Einsatz in der Reklame erfunden. Eine noch heute beliebte Frakturform.

Findet man auf T-Shirts und Tattoos.

Die Matrix

In dieser Übersicht, der Schrift-Matrix, sind die Schrift-Differenzierungen der Seiten 49 bis 73 zusammengefasst. Die Einteilung ist der Übersichtlichkeit zuliebe vereinfacht. So sind die Unterstufen der stilistischen Merkmale nicht in die Matrix aufgenommen. Sie sind nur auf den jeweiligen Seiten angesprochen.

Die Gliederung dient nicht nur der Schrift-Theorie. Sie hat auch einen praktischen Zweck, nämlich den, das Mischen von Schriften, die gemeinsame Verwendung in einer Drucksache zu erleichtern (Seite 49–99).

Der Aufbau der Matrix:
Form und Stil
(siehe auch Seite 49)
In der Waagerechten, zwischen den blauen Linien, sind die Schriften nach ihren **formalen Merkmalen** angeordnet.

Die nebeneinander stehenden Schriften sollte man auf keinen Fall miteinander mischen, sie sind einander formal zu ähnlich und stilistisch zu fremd.

In der Senkrechten, zwischen den roten Linien, sind die Schriften entsprechend ihren **stilistischen Merkmalen** angeordnet.

Die Schriften der untereinander stehenden Gruppen kann man im Prinzip und mit typografischem Fingerspitzengefühl miteinander mischen. Zum Beispiel Überschriften einer dynamischen Grotesk zu einer dynamischen Antiqua als Grundschrift, oder eine statische fette Egyptienne zu einer mageren statischen Grotesk. Genauer wird darauf ab Seite 90 eingegangen.

Im Vergleich zur Vereinfachung bei der Differenzierung der dynamischen und der statischen Schriften scheinen die Schriften der beiden rechten Spalten überbetont zu sein. Diese beliebte Art von Schriften kommt sonst im »Wegweiser Schrift« eher zu kurz. Deshalb soll auf diese Weise dazu angeregt werden, auch sie auf ihre formalen und stilistischen Merkmale hin zu betrachten und einzusetzen.

Die Gruppe der Schreibschriften (siehe auch Seite 72/73) ist so eingesetzt, dass man sie den Stil-Kategorien zuordnen könnte, obwohl viele ein schwer zu definierendes Eigenleben führen.

In der untersten »Zeile« soll angedeutet werden, dass auch die nicht-lateinischen Schriften dem Aufbau und der Differenzierung unserer lateinischen Schriften entsprechen (jedenfalls gilt das für die »benachbarten« Schriften-Kreise). Sie müssten eigentlich ihrerseits wiederum in Antiqua, Grotesk usw. unterteilt werden. Es muss also nicht sein, dass bei mehrschriftigen Drucksachen die fremden Schriften stilistisch herausfallen.

Die gebrochenen Schriften könnte man nur mit Gewalt in diese Matrix pressen. Sie wurden gesondert auf der Seite 76/77 angesprochen.

Die Anlage der Matrix hat sich in der praktischen Arbeit in Seminaren entwickelt und vereinfacht. Ich nehme dabei ausdrücklich und dankbar Bezug zu den Anregungen und parallelen Bestrebungen von Max Bollwage, Indra Kupferschmid und Tobias Wantzen.
Mein Ansatz unterscheidet sich dadurch von ähnlichen Bestrebungen, dass ich keine lückenlose Systematik anstrebe und erst recht nicht eine endgültige Klassifizierung der Schrift, sondern nur einen »Wegweiser Schrift«.

STIL / FORM	**Dynamisch** Humanistisches Formprinzip *»Wanderer«* *Zum Beispiel*
Antiqua **Synonym: Serif** Strichstärkenkontrast, Serifen	Bembo *Seite 50*
Antiqua-Varianten Strichstärkenkontrast, keine Serifen	Rotis Semi Serif *Seite 58*
Grotesk **Synonym: Sans Serif** Gleichmäßige Strichstärken, keine Serifen	Gill Sans *Seite 60*
Egyptienne **Synonym: Slab Serif** Gleichmäßige Strichstärken, kräftige Serifen	Caecilia *Seite 66*
Schreib-schriften **Synonym: Script**	*Zapf Chancery* *Seite 72*
Fremde Schriften **Synonym: Non Latin** (Beispiel Kyrillisch)	Times Кириллица **Gill Кириллица**

Statisch Klassizistisches Formprinzip *»Soldaten«* *Zum Beispiel*	**Geometrisch** Konstruierte Formen *»Roboter«* *Zum Beispiel*	**Dekorativ** Display *»Dandys«* *Seite 74/75* *Zum Beispiel*	**Provozierend** Display *»Freaks«* *Seite 75* *Zum Beispiel*
Bodoni *Seite 51*	–	SAPHIR	Beowolf
Gitan *Seite 58*	–	Broadway	Peignot
Helvetica *Seite 61*	Futura *Seite 60*	AVANT GARDE	Rence Display
Glypha *Seite 67*	Rockwell *Seite 66*	ROSEWOOD	Matto
Künstler-schreibschrift *Seite 72*	–	Choc	dgrafiE
Helvetica Кириллица PT Serif Pro Кириллица	Futura Кириллица	STENCIL КИРИЛЛИЦА	Dolores Кириллца

DIN-Klassifizierung 16518

Achtung, diese Doppelseite gehört nicht zur Substanz von »Wegweiser Schrift«, sie ist eine historische Ergänzung. Es ist die noch gültige Klassifikation der Druckschriften von 1964 (DIN 16518).

Seit Jahren wird an einer neuen Klassifizierung der Druckschriften gearbeitet. Man kommt aber nicht so recht voran damit.
Hier sind nochmals die alten Formulierungen gebracht, trotz aller Einwände. Warum? Weil die »DIN 16518« noch zitiert wird und weil sie mancherorts zum Prüfungsstoff gehört.
Auch die Schriftbeispiele sind der DIN-Klassifikation entnommen. Dort sind es aber jeweils noch mehr Beispiele, darunter einige Schriften, die heute kaum noch bekannt sind und vor allem im Computersatz nicht ohne weiteres zur Verfügung stehen.

Die vom Normen-Ausschuss festgelegte Klassifikation ist 1964 erschienen. Damals gab es praktisch nur Bleisatzschriften. Der Fotosatz steckte noch in den Kinderschuhen. Die Welt der Schriften schien noch einigermaßen überschaubar zu sein. Heute ist das Meer der Schriften nicht mehr überschaubar. Allein im »Font-Book« gibt es über 25.000 Schriftmuster (so steht es dort im Vorwort). Ständig kommen neue Schriften auf den Markt.
Es ist nicht allein die Menge der Schriften. Die Grotesk-Schriften haben nicht nur quantitativ ein viel größeres Gewicht erhalten, sondern auch eine viel feinere Differenzierung erfahren, entsprechend den Antiqua-Schriften. Man kann sie nicht mehr in einen einzigen »Serifenlosen-Topf« stecken.

Die hier dominante Differenzierung der gebrochenen Schriften hingegen wird nur noch von Schrift-Fachleuten nachvollzogen, für normale Schrift-Anwender ist sie nicht mehr von großem Interesse.

Gruppe I (Humane)
Venezianische Renaissance-Antiqua

Beispiele Trajanus, Schneidler-Mediaeval, Golden Type von William Morris, Antiqua der Bremer Presse.

»Die Venezianische Renaissance-Antiqua ist hervorgegangen aus der humanistischen Minuskel des 15. Jahrhunderts, die mit der schräg angesetzten Breitfeder im Wechselzug geschrieben worden ist. Der Querstrich des Kleinbuchstabens e liegt schräg. Die Achse der Rundungen ist nach links geneigt. Haar- und Grundstriche sind in der Dicke nicht sehr verschieden. Die Serifen (An- und Abstriche) sind ein wenig ausgerundet. In der Regel sind die oberen Serifen der Großbuchstaben (Versalien) M und N nach beiden Seiten ausgebildet.«

Trajanus-
Antiqua

Schneidler
Mediaeval

Gruppe II (Garalde)
Französische Renaissance-Antiqua

Beispiele Weiß-Antiqua, Palatino, Trump-Mediäval, Garamond.

»Die Französische Renaissance-Antiqua gleicht ihrer Herkunft nach wie auch in ihren Eigenschaften der Venezianischen Renaissance-Antiqua. Sie weist jedoch größere Unterschiede in der Strichdicke auf. Der Querstrich des Kleinbuchstabens e liegt waagerecht.«

Palatino

Garamond

Gruppe III (Réale)
Barock-Antiqua

Beispiele Fournier, Baskerville, Imprimatur, Janson.

»Die Barock-Antiqua steht unter dem Einfluss der Kupferstecher-Schriften. Sie weist größere Unterschiede in der Strichdicke auf als die Renaissance-Antiqua. Die Achse der Rundungen ist fast senkrecht. Die Serifen sind weniger oder gar nicht ausgerundet. In der Regel sind die Serifen der Kleinbuchstaben oben schräg, unten aber waagerecht angesetzt.«

Baskerville

Janson-Antiqua

Gruppe IV (Didone)
Klassizistische Antiqua

Beispiele Bodoni, Didot, Corvinus, Walbaum.

»Die klassizistische Antiqua steht den Kupferstecher-Schriften besonders nahe. Die Serifen sind waagerecht angesetzt. Die Winkel zwischen den Serifen und den Grundstrichen oder schrägen Haarstrichen sind kaum merklich oder gar nicht ausgerundet. Haar- und Grundstriche unterscheiden sich kräftig. Die Achse der Rundungen steht senkrecht.«

Bodoni

Walbaum-
Antiqua

Gruppe V (Mécane)
Serifenbetonte Linear-Antiqua

Beispiele Clarendon, Volta, Schadow, Pro Arte, Memphis.

»Die Haar- und Grundstriche der Serifenbetonten Linear-Antiqua unterscheiden sich wenig in der Dicke oder sind sogar, einschließlich der Serifen, optisch einheitlich (linear). Allen Schriften dieser Gruppe ist die mehr oder weniger starke, aber immer auffallende Betonung der Serifen gemeinsam.«

Clarendon

Memphis

Gruppe VI (Linéale)
Serifenlose Linear-Antiqua

Beispiele Akzidenz-Grotesk, Erbar-Grotesk, Folio, Helvetica, Univers, Optima, Futura.

»Ein Teil der zur Serifenlosen Linear-Antiqua zählenden Schriften ist in der Strichdicke vorwiegend oder sogar optisch ganz einheitlich. Bei einem anderen Teil dieser Schriftgruppe unterscheiden sich die Strichdicken erheblich.«

Helvetica

Futura

Gruppe VII (Incise)
Antiqua-Varianten

Beispiele Codex, Columna, Hammer-Unziale, Largo, Neuland, Profil, Weiß-Lapidar.

»Zu den Antiqua-Varianten gehören alle Antiqua-Schriften, die den Gruppen I bis VI, VIII und IX nicht zugeordnet werden können, weil ihre Strichführung vom Charakter der genannten Gruppen abweicht. Den Kern der Gruppe bilden Versalschriften für dekorative und monumentale Zwecke.«

Carolina

Gruppe VIII (Scripte)
Schreibschriften

Beispiele Künstler-Schreibschrift, Bernhard-Schönschrift, Virtuosa, Charme, Mistral, Ariston, Forelle, Legende, Lithographia.

»Schreibschriften nennt man die zur Drucktype gewordenen lateinischen Schul- und Kanzleischriften.«

Künstler-Schreibschrift

Mistral

Gruppe IX (Manuaire)
Handschriftliche Antiqua

Beispiele Post-Antiqua, Love Potion, Hyperion, Time-Script.

»Handschriftliche Antiqua werden die Schriften genannt, die – von der Antiqua oder deren Kursiv herkommend – das Alphabet in einer persönlichen Weise handschriftlich abwandeln.«

Post-Antiqua

Love Potion

Gruppe X
Gebrochene Schriften

X a Gotisch
Beispiele Wilhelm-Klingspor-Schrift, Hupp-Gotisch, Trump-Deutsch, Manuskript-Gotisch, Caslon-Gotisch, Weiß-Gotisch.

»Mit ›Gotisch‹ werden die nach dem Vorbild der schmallaufenden Textur des 15. Jahrhunderts geschnittenen Schriften benannt, desgleichen deren breitere Formen aus späterer Zeit. Die gotische Schrift ist eng und hochstrebend. Die Grundstriche der Kleinbuchstaben sind gebrochen; Anfänge und Endungen zeigen Würfelform.«

Caslon-Gotisch

X b Rundgotisch
Beispiele Weiss-Rundgotisch, Wallau.

»Die Rundgotisch beruht auf der Rotunda der Frühdruckzeit. Die gebrochenen Formen der Gotisch sind hier in herben Rundungen abgefangen; Anfänge und Endungen zeigen keine Würfelform.«

Weiß Rundgotisch

X c Schwabacher
Beispiele Renata, Ehmcke-Schwabacher, Alte Schwabacher.

»Die im 15. Jahrhundert entstandenen breitlaufenden volkstümlichen Schriften erhielten später den Sammelnamen Schwabacher. Typisch ist der kräftige Querstrich des Kleinbuchstabens g.«

Alte Schwabacher

X d Fraktur
Beispiele Unger-Fraktur, Dürer-Fraktur, Gilgengart, Fichte-Fraktur, Zentenar-Fraktur, Breitkopf-Fraktur.

»Diese aus dem Kulturkreis Maximilians I. hervorgegangene gebrochene Werkschrift hat schwungvolle Großbuchstaben sowie – überwiegend schmale – Kleinbuchstaben mit gegabelten Oberlängen bei b, h, k und l.«

Zentenar-Fraktur

Unger-Fraktur

X e Fraktur-Varianten
Beispiele Claudius, Weiß-Fraktur, Heinrichsen-Kanzlei, Koch-Kurrent.

Aus dem Leben

Ich habe die Booklets meiner Jazz-CDs durchgesehen. Nicht die Schauseiten, sondern die Informationsseiten.

Das Format ist klein, die Texte lang. Da muss oft gepresst werden, damit sie hineinpassen. (Alles in Originalgröße.)

Aber passt es auch zur Sache, zum Jazz, was man da sieht?

Ich schreibe hier meine persönlichen Eindrücke auf:

Django Reinhardt (originally named Jean Baptiste Reinhardt) was born in Liverchies, in Belgium, on January 23, 1910. During his childhood he and his brother Joseph travelled widely with their mother. Already then Django became fascinated by music.

At twelve a neighbour gave him a banjo-guitar. The kind of genius he was allowed the youngster to teach himself how to play in no time. Such was his rate of progress that Reinhardt actually started his career before his 13th, playing banjo with Guerino (a popular accordionist) at Parisian dance halls and clubs. Further work followed and even more important were the occasions that he would play at an after-hours joint, the Salon

Korrekte Typografie, bewusst durchgearbeitet. Aber ich denke dabei eher an ein Buchkunst-Museum voller Schönheit als an Django Reinhardts unvergleichlichen Drive.

"Strange Meadow Lark" opens with Brubeck playing *rubato*, though there are overtones of 3s and 4s, and the phrase length is an unusual 10 bars. Dave's performance throughout is simple and expressive, with fine support from Eugene Wright and Joe Morello. "Meadow Lark" closes with a contribution from the wistful, dream-like saxophone of Paul Desmond.

"Take Five" is a Desmond composition in 5/4, one of the most defiant time-signatures in all music, for the performer and listener alike. Conscious of how easily the listener can lose his way in a quintuple rhythm, Dave plays a constant vamp figure throughout, maintaining it even under Joe Morello's drum solo. It is interesting to notice how Morello gradually releases himself from the rigidity of the

Dave Brubeck, der raffinierte, intellektuell ausklügelnde ist hier genau getroffen.

7 **MACK THE KNIFE**
(Kurt Weill / Bertolt Brecht / Marc Blitzstein)
Personnel, rec. date, location as on 4 ℗1960
Harms Co. Inc.

8 **CARAVAN**
(Duke Ellington / Juan Tizol / Irving Mills)
Lou Levy (p), Max Bennett (b), Gus Johnson (d).
Rec. live at The Teatro Sistina, Rome, April 25, 1958 ℗1988
Mills Music Inc.

9 **A NIGHT IN TUNISIA**
(Dizzy Gillespie / Frank Paparelli)
Lou Levy (p), Herb Ellis (g), Joe Mondragon (b), Stan Levey (d).
Los Angeles, June 24, 1961 ℗1961
M.C.A. Inc.

Das gehört zu einer Ella (Fitzgerald)-CD. Drauflosgesetzt, ungepflegt, aber die (Schrift-)Atmosphäre passt.

1 COUNT BASIE: ONE O'CLOCK JUMP 2:55
(Basie) Leo Feist Inc. ℗ 1951 CBS Inc.

2 DAVE BRUBECK: BLUE RONDO A LA TURK 3:02
(Brubeck) Derry Music Co. ℗ 1963 CBS Inc.

3 MILES DAVIS: ROUND MIDNIGHT 2:34
(Hanighen-Williams-Monk) Warner Brothers Music, Inc. ℗ 1963 CBS Inc.

4 SARAH VAUGHAN: NICE WORK IF YOU CAN GET IT 2:37
(I. & G. Gershwin) Gershwin/Chappell ℗ 1955 CBS Inc.

5 LOUIS ARMSTRONG: MACK THE KNIFE 3:18
(Blitzstein-Brecht-Weill) Harms, Inc. ℗ 1963 CBS Inc.

Die CD nennt sich »Jazz feelings«. Fühlen Sie etwas Jazz-Ähnliches bei dieser Typografie? Ich nicht.

1. CANNONBALL ADDERLEY	**Things Are Getting Better**	**7:11**
2. CHET BAKER	**How High The Moon**	**3:34**
3. COUNT BASIE	**Jumpin' At The Woodside**	**4:31**
4. EDDIE "LOCKJAW" DAVIS	**Afro Jaws**	**7:36**
5. THE NEW MILES DAVIS QUINTET	**There Is No Greater Love**	**5:19**
6. DUKE ELLINGTON	**Latin American Sunshine**	**6:53**

Hier hingegen wird Jazzgerecht hingelangt. Laut und direkt, nicht gerade, differenziert, aber richtig.

Aus einer Studie

Zwei Gedichte.
Der berühmte Vierzeiler von Magister Martinus »Am Wegesrand« aus dem Jahr 1498 und die Paraphrase von Bert Brecht »Der Radwechsel«.

Es ist schon schwierig genug, für jedes der beiden die »richtige« Schrift zu finden. Wie soll man aber das Problem lösen, wenn beide Gedichte nebeneinander stehen und in ein und derselben Schrift gesetzt werden sollen? Was dem einen entspricht, passt nicht zu dem anderen. Die Antwort kann nur subjektiv ausfallen.

- Was passt zu »Am Wegesrand«,
- was passt zu »Der Radwechsel«,
- was passt zu beiden zusammen?

Da es sich hier nicht um »Schriften erkennen« handelt, sondern zum »Schriften empfinden« anregen soll, seien die fünf Schriften genannt (es sind alles die alten Bleisatz-Schnitte, verkleinert).

Alte Schwabacher
Neuzeit-Grotesk
Garamond kursiv
Syntax
Janson

Wenn Sie Ihre Entscheidung getroffen haben, verrate ich meine persönlichen Empfindungen:

Magister Martinus: **Alte Schwabacher,** Zeitgeist von 1500.

Bert Brecht: **Neuzeit-Grotesk,** Zeitgeist der dreißiger Jahre (das Gedicht wurde zwar erst nach dem Krieg geschrieben, aber die Schrift entspricht meinem Brecht-Gefühl).

Beide zusammen: **Syntax.** Sie trägt sensibel die Sprache, verhalten distanziert, aber nicht neutral-kühl.

Ich leb und weiß nit wie lang.
Ich sterb und weiß nit wann.
Ich fahr und weiß nit wohin.
Mich wundert daß ich fröhlich bin.

Ich sitze am Straßenrand
Der Fahrer wechselt das Rad.
Ich bin nicht gern, wo ich herkomme.
Ich bin nicht gern, wo ich hinfahre.
Warum sehe ich den Radwechsel
Mit Ungeduld?

ALTE SCHWABACHER

Ich leb und weiß nit wie lang.
Ich sterb und weiß nit wann.
Ich fahr und weiß nit wohin.
Mich wundert daß ich fröhlich bin.

Ich sitze am Straßenrand
Der Fahrer wechselt das Rad.
Ich bin nicht gern, wo ich herkomme.
Ich bin nicht gern, wo ich hinfahre.
Warum sehe ich den Radwechsel
Mit Ungeduld?

NEUZEIT GROTESK

Ich leb und weiß nit wie lang.
Ich sterb und weiß nit wann.
Ich fahr und weiß nit wohin.
Mich wundert daß ich fröhlich bin.

Ich sitze am Straßenrand
Der Fahrer wechselt das Rad.
Ich bin nicht gern, wo ich herkomme.
Ich bin nicht gern, wo ich hinfahre.
Warum sehe ich den Radwechsel
Mit Ungeduld?

GARAMOND KURSIV

Ich leb und weiß nit wie lang.
Ich sterb und weiß nit wann.
Ich fahr und weiß nit wohin.
Mich wundert daß ich fröhlich bin.

Ich sitze am Straßenrand
Der Fahrer wechselt das Rad.
Ich bin nicht gern, wo ich herkomme.
Ich bin nicht gern, wo ich hinfahre.
Warum sehe ich den Radwechsel
Mit Ungeduld?

SYNTAX

Ich leb und weiß nit wie lang.
Ich sterb und weiß nit wann.
Ich fahr und weiß nit wohin.
Mich wundert daß ich fröhlich bin.

Ich sitze am Straßenrand
Der Fahrer wechselt das Rad.
Ich bin nicht gern, wo ich herkomme.
Ich bin nicht gern, wo ich hinfahre.
Warum sehe ich den Radwechsel
Mit Ungeduld?

JANSON

Zu welchem Zweck?

Die Wahl einer Schrift ist keine Geschmackssache. Die Frage ist: Zu welchem Zweck soll die Schrift eingesetzt werden? Zum Beispiel: gut lesbar sein, schockieren, wenig Platz brauchen usw.

Das lässt sich ganz rational beantworten: Den Zweck der Aufgabe mit Worten definieren und dann im Menü nachsehen, welche Schriften zur Verfügung stehen und dem Zweck entsprechen. Das gilt für jede Art von Schrift-Einsatz, für lautstarke Werbung oder distinguierte Repräsentation, für sachliche Information, Lese-Funktionalität oder Spaß. Das wird auf dieser Seite angesprochen.

Man kann es auch mit Gefühl angehen, zum Beispiel sich eine Eselsbrücke bauen zum Verständnis einer Schrift und ihren Beziehungsmöglichkeiten. Das wird auf den folgenden Seiten angeregt.

Als Neben-Lern-Effekt können Sie auch noch Ihr Schriftgefühl und Ihr Schriftwissen koordinieren und bei den Schriften der folgenden Seiten fragen: Welcher Art sind diese Schriften, wo würde ich sie auf der Matrix von Seite 78/79 einordnen?

SPIEL 1

Hier sind acht Problemstellungen formuliert (die Sie nach Belieben erweitern können), daneben sind neun Schriften zu sehen.
Bitte prüfen Sie, ob eine Schrift dabei ist, die den Anforderungen genügt, und ordnen Sie die Schrift dem Thema zu. Dabei sind Schriften für Lesetexte und für einzelne Zeilen gemischt. Die erste Frage muss nämlich lauten: Wird die Schrift zum Lesen mehrzeiliger Texte oder für Headlines gebraucht?

Es gibt bei diesem Spiel keine eindeutige Lösung: »richtig« oder »falsch«. Manche der Schriften können Verschiedenes leisten. Vielleicht werden Sie auch die eine oder andere gar nicht einsetzen wollen.

Die Anforderungen:

1 Um jeden Preis auffallen
2 Seriosität vermitteln
3 Die Sprache eines guten Buches unterstützen, gut lesbar sein
4 Unter schlechten Bedingungen (zum Beispiel lange Zeilen oder kleiner Schriftgrad) noch gut lesbar sein
5 »Cool« sein
6 Wenig Platz brauchen
7 Provozieren
8 Eine freundliche Atmosphäre verbreiten

Die Schriften auf der rechten Spalte:

A Frutiger
B AdLib
C Justlefthand
D Fago
E Galliard kursiv
F Weidemann
G Cheap Pine
H Walbaum
I Garamond Condensed

Einige der Beispiele sind so, wie sie gezeigt sind, extrem schlecht lesbar. Decken Sie ein paar Zeilen mit einem Papierstreifen ab, so können Sie prüfen, ob die Schrift als Einzelzeile funktioniert.

A

Dies ist ein Blindtext. An ihm lässt sich vieles ablesen über die Schrift, in der er gesetzt ist. Auf den ersten Blick wird der Grauwert der Schriftfläche sichtbar Dann kann man prüfen, wie gut die Schrift zu lesen

B

Dies ist ein Blindtext. An ihm lässt sich vieles ablesen über die Schrift, in der er gesetzt ist. Auf den ersten Blick wird der Grauwert der Schriftfläche sichtbar. Dann kann man prüfen

C

Dies ist ein Blindtext. An ihm lässt sich vieles ablesen über die Schrift, in der er gesetzt ist. Auf den ersten Blick wird der Grauwert der Schriftfläche sichtbar. Dann kann man prüfen, wie gut die Schrift zu lesen ist und wie sie auf den

D

Dies ist ein Blindtext. An ihm lässt sich vieles ablesen über die Schrift, in der er gesetzt ist. Auf den ersten Blick wird der Grauwert der Schriftfläche sichtbar. Dann kann man prüfen, wie gut die Schrift zu lesen ist und wie sie auf den

E

Dies ist ein Blindtext. An ihm lässt sich vieles ablesen über die Schrift, in der er gesetzt ist. Auf den ersten Blick wird der Grauwert der Schriftfläche sichtbar. Dann kann man prüfen, wie gut die Schrift zu lesen

F

Dies ist ein Blindtext. An ihm lässt sich vieles ablesen über die Schrift, in der er gesetzt ist. Auf den ersten Blick wird der Grauwert der Schriftfläche sichtbar. Dann kann man prüfen, wie gut die Schrift zu lesen ist und wie sie auf den Leser wirkt.

G

DIES IST EIN BLINDTEXT. AN IHM LÄSST SICH VIELES ABLESEN ÜBER DIE SCHRIFT, IN DER ER GESETZT IST. AUF DEN ERSTEN BLICK WIRD DER GRAUWERT DER SCHRIFTFLÄCHE SICHTBAR. DANN KANN MAN PRÜFEN, WIE GUT DIE SCHRIFT ZU LESEN IST UND WIE SIE AUF

H

Dies ist ein Blindtext. An ihm lässt sich vieles ablesen über die Schrift, in der er gesetzt ist. Auf den ersten Blick wird der Grauwert der Schriftfläche sichtbar. Dann kann man prüfen, wie gut die Schrift

I

Dies ist ein Blindtext. An ihm lässt sich vieles ablesen über die Schrift, in der er gesetzt ist. Auf den ersten Blick wird der Grauwert der Schriftfläche sichtbar. Dann kann man prüfen, wie gut die Schrift zu lesen ist und wie sie auf den Leser wirkt.

Klamottentest 1: Geschmackssachen

»Zeige mir, was du anziehst, und ich sage dir, wer du bist.«

Die Wahl einer Schrift ist Geschmackssache, ebenso wie die Wahl der Kleidung. Die muss passen, vor Regen schützen oder wärmen, strapazierfähig sein, billig oder teuer (»Haute-Couture-Beispiele« habe ich bewusst beiseite gelassen). Das ist die eine Seite. Die andere Seite ist: es muss auch gefallen, was ich anziehe.

Das ist bei der Schriftwahl ebenso. Zum einen muss die Schrift ihren Zweck erfüllen (davon ist nebenan auf der linken Seite die Rede), zum anderen muss ich gerne mit ihr arbeiten.

Eine Beschreibung der subjektiven Schrift-Gefühle käme wahrscheinlich über ein »gefällt mir« oder »gefällt mir nicht« nicht hinaus. Der Umweg über die Kleidung führt vielleicht zu präziseren Begründungen.

SPIEL 2
Erster Klamottentest

Hier sind vier Schriften zu sehen. Welchen »Klamotten« entsprechen sie? Davon hängt ab, wem wir sie anziehen, zu welchem Zweck wir sie einsetzen.

Beschreiben Sie, was Sie assoziieren und lassen Sie ein paar Freundinnen oder Freunde das Gleiche tun. Gibt es Gemeinsamkeiten? Gibt es Unterschiede bei Frauen und Männern, bei Alt und Jung?

Auch ich habe vier Personen aufgefordert, ihre Schrift-Klamotten-Gefühle aufzuschreiben – darunter mich selbst, weil es so Spaß macht. Die Ergebnisse stehen auf der nächsten Seite.

EXCELSIOR

Dies ist ein Blindtext. An ihm lässt sich vieles ablesen über die Schrift, in der er gesetzt ist. Auf den ersten Blick wird der Grauwert der Schriftfläche sichtbar. Dann kann man prüfen, wie gut die Schrift zu lesen ist und wie sie auf den Leser wirkt. Man kann nachmessen, wie breit oder schmal sie läuft.

ARIAL

Dies ist ein Blindtext. An ihm lässt sich vieles ablesen über die Schrift, in der er gesetzt ist. Auf den ersten Blick wird der Grauwert der Schriftfläche sichtbar. Dann kann man prüfen, wie gut die Schrift zu lesen ist und wie sie auf den Leser wirkt. Man kann nachmessen, wie breit oder schmal sie läuft.

BODONI

Dies ist ein Blindtext. An ihm lässt sich vieles ablesen über die Schrift, in der er gesetzt ist. Auf den ersten Blick wird der Grauwert der Schriftfläche sichtbar. Dann kann man prüfen, wie gut die Schrift zu lesen ist und wie sie auf den Leser wirkt. Man kann nachmessen, wie breit oder schmal sie läuft.

TIFFANY

Dies ist ein Blindtext. An ihm lässt sich vieles ablesen über die Schrift, in der er gesetzt ist. Auf den ersten Blick wird der Grauwert der Schriftfläche sichtbar. Dann kann man prüfen, wie gut die Schrift zu lesen ist und wie sie auf den Leser wirkt. Man kann nachmessen, wie breit oder schmal sie läuft.

Klamottentest 1: Geschmackssachen

Dies ist nicht eine »Auflösung« des Schriftbekleidungsspiels der Vorseite, sondern nur das Ergebnis von vier Mitspielern.

Jutta S., Sekretärin Jahrgang 1968	Karin S.-F., Verlegerin Jahrgang 1960	Helmut N., Techniker Jahrgang 1955	Hans Peter W., Buchgestalter Jahrgang 1930
Excelsior			
Auf einer Trecking-Tour. Der Wanderer trägt Outdoor-Hose, Fleece-Jacke und Trecking-Stiefel, die schon auf mehreren Bergwandertouren erprobt wurden und die ihre Tauglichkeit bereits unter Beweis gestellt haben. Sie geben dem Wanderer Sicherheit.	Mein Mathelehrer hatte so ein Jackett, eins pro Schuljahr, Breitcord, immer Kreidespuren am Ärmel, am Ende des Schuljahrs waren die Ärmel an den Ellenbogen etwas abgeschabt und nach den Ferien kam er in einem neuen Jackett und wir konnten uns an die Farbe des alten nicht mehr erinnern. Aber wir sollten ja auf die Formeln achten …	Ein eleganter, gut zu tragender Anzug (Kombination) mit fein gebügelter Hose und einem weißen Hemd, mal mit oder ohne Krawatte, dunklem Schuhwerk, passend zu jeder Tagessituation wie Büroarbeit, Besprechungen sowie zwanglosen abendlichen Gesellschaften	Graues, festes Tuch, die Jacke durchgeknöpft. Das Hemd aus aufgerauter Baumwolle, kariert. Hosen ohne Bügelfalten, aber alles sitzt wie angegossen. Kräftige Schuhe, braunes Leder, mit Profilsohlen. Ebenfalls grau die Dienstmütze, mit kleinem Schirm und rotem Emblem. Ein Anzug, auf den man sich verlassen kann.
Arial			
Der graue Hosenanzug mit weißem Hemd oder das dunkelblaue Kostüm mit weißer Bluse. Als Alternative höchstens ein hellblaues Hemd oder Bluse. Organisiert, geradlinig, zuverlässig, jedoch ein bisschen langweilig. Auf jeden Fall unauffällig.	Die schwarze Jeans, neutral, anpassungsfähig, modern, nicht modisch, unabhängig, zu allem zu gebrauchen und doch mehr als eine Levis. Zur Messe mit schickem Jackett, im Alltag mit schwarzem Rolli und nach der spontanen Radtour macht sie auch ein anschließendes Picknick problemlos mit. Sie fällt niemandem auf, fehlt aber, wenn sie in der Wäsche ist.	Eine gut sitzende Jeans mit sportlichem Hemd und entsprechendem bequemen braunen Schuhwerk, über die Schulter gelegt ein schicker, vielleicht auch teurer Pullover, somit für jede alltägliche Situation geeignet, dies ist meine Lieblingskleidung und -schrift.	Den Anzug habe ich doch schon gesehen! Oft sogar. Mit bügelfreiem Hemd und dezenter Krawatte. Die Uniform für nicht leitende Angestellte. Nur nicht auffallen!
Bodoni			
Ein schickes italienisches Kostüm. Edel und doch gleichzeitig schlicht, ein wenig extravagant und doch nicht zu auffällig. Zu vielen Gelegenheiten tragbar, immer einen guten, gepflegten Eindruck hinterlassend.	Das kleine Schwarze, nicht zu kurz, aber perfekt auf Figur geschnitten, hier geht es nicht um Spontaneität und Unverbindlichkeit, hier sind Stil, Klasse und Kultur im Spiel, ohne Pomp, dezent, selbstverständliche Noblesse, keine modischen Accessoires, eher Perlenohrringe, die Haare hoch gesteckt – und ein Spritzer Chanel No. 5.	Mit diesem dunklen/schwarzen Anzug und einem edlen Hemd mit goldenen Manschettenknöpfen und glänzenden schwarzen Schuhen, die wahrscheinlich etwas drücken, der richtige Auftritt für eine große gesellschaftliche Veranstaltung.	Nadelstreifen, zeitloser Schnitt, aber irgendwie raffiniert modern, Weste, weißes Hemd aus feiner Baumwolle; Krawatte (keine Fliege) und Ziertüchlein geschmackvoll abgestimmt. Elegante Schuhe, aber nicht gerade bequem. Steckt da eine Dame oder ein Herr drin?
Tiffany			
Eine Jeans-Schlaghose mit Blümchenstickerei. Dazu die passende Flower-Power-Bluse mit langen weiten Ärmeln und besticktem Saum. Vielleicht auch ein luftiges Sommerkleid mit einem kurzen Jäckchen, aber auf jeden Fall: Blümchen.	Kein Gesicht in der Menge, Mut zum eigenen Stil! In den Pumps kann man zwar nicht gut laufen, aber bis zur Bar wird's schon gehen, ein Champagnerglas halten, den kleinen Finger abspreizen und einen Augenaufschlag mit etwas zu sehr geschminkten Augenwimpern wagen. Und die mühsam gewickelten Locken über die Schultern drapieren, die das Kleid frei lässt.	Das kleine Schwarze ohne größeren Schnickschnack, aber auf den zweiten Blick wird die vorhandene Eleganz sichtbar, und ist somit ein Kleidungsstück, das auf der kleinen Geburtstagsfeier sowie auf der großen Abendveranstaltung zur Geltung kommt.	Auf den ersten Blick sieht das Kleidchen so luftig und duftig aus. Aber genau betrachtet: Es ist nicht aus der Boutique, sondern aus dem Kaufhaus. Und inzwischen hängt es längst im Secondhand-Laden.

Klamottentest 2

SPIEL 3
Zweiter Klamottentest

Welche Schrift passt?
In der Praxis ist das oft eine sehr komplizierte Frage. Als Designer oder Typografen müssen wir in gründlichen Gesprächen mit den Auftraggebern herausarbeiten, was eigentlich die Aufgabe ist. Das ist zu kompliziert für ein Schrift-Wähl-Spiel.
Die Personifizierung der Problemstellungen macht es griffger.

Beschreiben Sie, wie diese Personen angezogen sind. (Und wenn es Ihnen Spaß macht, denken Sie sich noch weitere aus.)

Hausmeister

Bankdirektorin

Versicherungsvertreter

Dritte-Welt-Laden-Verkäuferin

Realschullehrer

Bardame

Hooligan

Bürgermeister

Typograf

Welche Schrift entspricht der Kleidung dieser Leute? Sehen Sie nach, ob unter den nebenstehenden Schriften etwas Passendes ist, oder sehen Sie nach den Schriften, die Ihnen auf dem PC oder Mac zur Verfügung stehen. Ich habe hier bewusst nicht auf die Wirkung von Einzelzeilen gezielt, sondern auf die Gesamtwirkung des Schriftbildes.

OFFICINA SANS

Dies ist ein Blindtext. An ihm lässt sich vieles ablesen über die Schrift, in der er gesetzt ist. Auf den ersten Blick wird der Grauwert der Schriftfläche sichtbar. Dann kann man prüfen, wie gut die Schrift zu lesen ist und wie sie auf den Leser wirkt. Man kann nachmessen, wie breit oder schmal sie läuft.

EUROSTILE

Dies ist ein Blindtext. An ihm lässt sich vieles ablesen über die Schrift, in der er gesetzt ist. Auf den ersten Blick wird der Grauwert der Schriftfläche sichtbar. Dann kann man prüfen, wie gut die Schrift zu lesen ist und wie sie auf den Leser wirkt. Man kann nachmessen, wie breit oder schmal sie läuft.

GARAMOND

Dies ist ein Blindtext. An ihm lässt sich vieles ablesen über die Schrift, in der er gesetzt ist. Auf den ersten Blick wird der Grauwert der Schriftfläche sichtbar. Dann kann man prüfen, wie gut die Schrift zu lesen ist und wie sie auf den Leser wirkt. Man kann nachmessen, wie breit oder schmal sie läuft.

COCHIN

Dies ist ein Blindtext. An ihm lässt sich vieles ablesen über die Schrift, in der er gesetzt ist. Auf den ersten Blick wird der Grauwert der Schriftfläche sichtbar. Dann kann man prüfen, wie gut die Schrift zu lesen ist und wie sie auf den Leser wirkt. Man kann nachmessen, wie breit oder schmal sie läuft

TRIXIE

Dies ist ein Blindtext. An ihm lässt sich vieles ablesen über die Schrift, in der er gesetzt ist. Auf den ersten Blick wird der Grauwert der Schriftfläche sichtbar. Dann kann man prüfen, wie gut die Schrift zu lesen ist und wie sie auf den Leser

OPTIMA

Dies ist ein Blindtext. An ihm lässt sich vieles ablesen über die Schrift, in der er gesetzt ist. Auf den ersten Blick wird der Grauwert der Schriftfläche sichtbar. Dann kann man prüfen, wie gut die Schrift zu lesen ist und wie sie auf den Leser wirkt. Man kann nachmessen, wie breit oder schmal sie läuft. Außerdem

BEMBO KURSIV

Dies ist ein Blindtext. An ihm lässt sich vieles ablesen über die Schrift, in der er gesetzt ist. Auf den ersten Blick wird der Grauwert der Schriftfläche sichtbar. Dann kann man prüfen, wie gut die Schrift zu lesen ist und wie sie auf den Leser wirkt. Man kann nachmessen, wie breit oder schmal sie läuft. Außerdem spielt für die

LUBALIN GRAPH

Dies ist ein Blindtext. An ihm lässt sich vieles ablesen über die Schrift, in der er gesetzt ist. Auf den ersten Blick wird der Grauwert der Schriftfläche sichtbar. Dann kann man prüfen, wie gut die Schrift zu lesen ist und wie sie auf den Leser wirkt. Man kann nachmessen, wie breit oder schmal sie läuft.

HELVETICA

Dies ist ein Blindtext. An ihm lässt sich vieles ablesen über die Schrift, in der er gesetzt ist. Auf den ersten Blick wird der Grauwert der Schriftfläche sichtbar. Dann kann man prüfen, wie gut die Schrift zu lesen ist und wie sie auf den Leser wirkt. Man kann nachmessen, wie breit oder schmal sie läuft. Außerdem

ROTIS SEMI SERIF

Dies ist ein Blindtext. An ihm lässt sich vieles ablesen über die Schrift, in der er gesetzt ist. Auf den ersten Blick wird der Grauwert der Schriftfläche sichtbar. Dann kann man prüfen, wie gut die Schrift zu lesen ist und wie sie auf den Leser wirkt. Man kann nachmessen, wie breit oder schmal sie läuft. Außerdem spielt für die

Schriften für Briefe

Hier sind fünf Schriften gezeigt, die bei der Anschaffung eines PC oder Mac meist automatisch installiert sind. Sie stehen Ihnen also ohne größeren Aufwand für Ihre Briefe zur Verfügung.

Ihre Briefe sind Repräsentanten Ihres Hauses. Sollen Ihre Geschäftsbriefe aussehen wie Drucksachen? Sollen Ihre Privatbriefe aussehen wie Geschäftsbriefe? Auf die Schrift kommt es an.

Alle Beispiele sind in einem der jeweiligen Schrift und der Zeilenlänge entsprechenden Schriftgrad und ebenso mit einem angemessenen Durchschuss gesetzt, natürlich im Flattersatz. Sie können als Muster für Briefe in der Praxis dienen. Die Satzbreite beträgt 117 mm, die Schriftgrößen und der Zeilenabstand sind in Punkt angegeben. Bei längeren Zeilen müsste der Zeilenabstand überprüft werden. Die Zeilenlänge sollte aber nicht mehr als 75 Anschläge betragen. Längere Zeilen bedeuten schlechtere Lesbarkeit.

Ich gestehe, so recht glücklich bin ich mit keiner dieser Brief-Schriften. Ich freue mich immer, wenn ich einen Brief bekomme, dem ich die bewusste Schriftwahl ansehe. (Damit meine ich nicht den Scherz mit dem Kursiv-Brief.) Deshalb habe ich fünf Typografen-Freunde gebeten, aufzuschreiben, warum sie ihre Briefe in dieser Schrift schreiben. Die Briefe sind auf der rechten Seite gezeigt. Sie sollen zur Nachahmung anregen. Nicht in der Wahl der Schrift, sondern zum Wählen der Schrift. Wenn ich als Briefschreiber – geschäftlich oder privat – in der Lage dazu wäre, würde ich die Investition nicht scheuen und »meine« Schrift aussuchen. Eine Schrift, in der nicht jedermann schreibt.

COURIER 9,6/14PT

Das sieht aus, als ob Sie mit der guten alten mechanischen Schreibmaschine geschrieben hätten. Manche Typografen-Kollegen meinen, so müssten Briefe geschrieben sein, damit sie nach einem Brief und nicht nach einer unpersönlichen Drucksache aussehen. Einen Vorteil hat die Verwendung solcher Schriften: Man braucht nicht über Gedankenstriche oder Anführungen nachzudenken. Es sind in jedem Fall die falschen. Es ist ja nur eine Schreibmaschinenschrift.

ARIAL 10/15,5PT

Eine Geschäftsbrief-Schrift, die so unpersönlich auftritt wie nur möglich. Ein Privatbrief in dieser Schrift würde mich befremden. Die folgende Anmerkung gilt als allgemein: Wer Satzschriften für Briefe verwendet, muss typografisch korrekt »schreiben«. Da sind keine falschen Gedankenstriche und keine falschen Anführungen erlaubt. Die »Lieblingsfehler« (siehe Seite 41) müssen vermieden werden. Weiteres zu diesem Thema ist in »Erste Hilfe in Typografie« erläutert.

TIMES 10/15,5PT

Tausendfach bewährt. Das ist der Vorteil dieser Schrift und zugleich ihr Nachteil, weil sie kaum noch als Schriftindividuum wahrgenommen wird. Tipps für die Times: Den Schriftgrad nicht zu groß wählen, nicht größer als hier, die Zeilen nicht zu lang – die Angabe links »75 Anschläge« beschreibt die äußerste Grenze, 65 Anschläge ist besser. Die halbfette Times (bold) besser nicht verwenden, sie ist nicht sehr gut lesbar (siehe Seite 36).

AVANT GARDE GOTHIC 9,3/16,5PT

Bitte nicht! Diese Schrift sollte man nur dann für Briefe einsetzen, wenn erreicht werden soll, dass sie nicht gelesen werden können. Für Einzelzeilen ist diese Schrift interessant, nicht aber für Lesetexte. Wenn Sie aber keine Wahl haben? Wenn es zum Beispiel firmeninterne CD-Vorschriften gibt (Corporate Design, das u. a. alle typografischen Mittel vorschreibt), die Ihnen die Verwendung dieser Schrift aufzwingt? Dann schreiben Sie bitte mit einem großen Durchschuss, so, wie diese Zeilen gesetzt sind.

PALATINO ITALIC 10/15PT

Wenn ich einen Brief in einer Kursivschrift bekomme (in dieser oder einer anderen) ist es meist zu meinem Geburtstag und kommt vom Direktor meiner Sparkassen-Filiale. Er will mir damit zeigen, dass er mir ganz persönlich gratuliert und keinen programmierten Vordruck schickt. Ich durchschaue das Verfahren und bin trotzdem geschmeichelt. Wäre es nicht lustig, die Brief-Schrift dem jeweiligen Empfänger anzupassen oder gar dem jeweiligen Anlass, und so meine verborgenen Gefühle schriftlich mitzuteilen?

Schriften für Briefe

Max Caflisch
Jahrgang 1916
Cycles Roman 11/14pt

Da ich mich seit mehr als zwanzig Jahren intensiv mit neuen Schriften auseinandersetze, sie untersuche und ausprobiere, bin ich nicht an eine einzige Type gebunden. Als mir Sumner Stone Proben seiner neuen Schrift *Cycles* sandte, gewann ich spontan eine besondere Zuneigung zu dieser anspruchslosen, selbstverständlich geformten, grundsoliden, mit Minuskel- und Majuskelziffern sowie Ligaturen und Kapitälchen ausgerüsteten, nicht ganz stilreinen Antiqua im Renaissancecharakter.

Jost Hochuli
Jahrgang 1933
Minion 11/14pt
bei kurzen Briefen 12/15pt

Ich verwende die Minion Regular (von Adobe) in meinen Briefen, weil sie erstens gut lesbar ist, zweitens platzsparend und, drittens und nicht zuletzt, weil sie selbstverständlich wirkt und nicht zu auffällig nach ‹Gestaltung› riecht. Aus dem gleichen Grund verwende ich sie auch oft in Büchern, wo sie in ihrer Anmutung neutral (aber nicht kalt) ist, eine gut zeichnende *Italic* und differenziert abgestufte Stärken hat und sich in der Schriftmischung mit verschiedenen fetten und halbfetten Serifenlosen gut verträgt.

Iris Farnschläder
Jahrgang 1961
Syntax OsF
(Old Style Figures)
9/13pt

Mit dieser Schrift ist auch mein Briefbogen und die Visitenkarte gesetzt. Sie ist *keine* Monospace-Schrift, von deren Funktionalität für Briefe ich bis vor kurzem noch überzeugt war, deren schlechtere Lesbarkeit und Platzbedarf mich aber zusehends störte. Die Syntax ist eine klare, zeitlos wirkende (aus den 60er Jahren stammend) und gut lesbare Grotesk, die vor kurzem von ihrem Erfinder Hans Eduard Meyer vollständig überarbeitet und mit neuen Zeichen und einem Medium-Schnitt ergänzt wurde. Ich dachte gleich, die »passt« mir.

Friedrich Forssman
Jahrgang 1965
TheSans Mono
9,5/16pt

Natürlich verwende ich eine Schreibmaschinen-(»Monospace«-) Schrift, denn eine Satzschrift ließe jeden Brief 1.) nach Drucksache aussehen, und 2.) macht eine Satzschrift auch Schriftsatz nötig: Abstände nach Abkürzungen, Bruchziffern, guter Flattersatz (Blocksatz steigert die störende Drucksachenwirkung): das alles macht man in einer Satzschrift entweder richtig oder es sieht richtig schlecht aus. Die Schreibmaschinenschrift aber wirkt persönlich und macht keine Mühe.

Bertram Schmidt-Friderichs
Jahrgang 1959
PT Sans Pro 10/13pt

Vor zwei Jahren haben wir die Lucida als Briefschrift durch die PT Sans Pro ersetzt und setzten sie und ihre Schwester PT Serif Pro als Hausschrift ein. Gewählt haben wir sie wegen der schönen eckigen Serifen, aber auch die Sans erwies sich als sehr vielseitig. Die Schrift wirkt »neu«, ist gut lesbar und läuft trotzdem recht eng. Damit bekommen unsere Briefe, Dokumente und Verträge einen eigenen Charakter, der schon mehrmals von den Autoren positiv kommentiert wurde.

Schlecht gemischt

Was hier gezeigt wird, ist nicht zum Nachmachen da, sondern zum Nachdenken. Die Schriftmischung, das heißt die Verwendung verschiedener Schriften auf einer Drucksache, ist gewissermaßen die hohe Schule der Typografie. Hier kann einer sein Können beweisen oder ins Loch fallen.

Was aber sind die Kriterien? Wie kann man beurteilen und begründen, warum die eine Arbeit gut und die andere schlecht ist?

Die Antwort darauf geben einige weitere Übungen am Ende des »Wegweisers Schrift«.

Empfehlenswerthe Weihnachtsgeschenke!
Verlag von Ernst Julius Günther in Leipzig.

GUSTAVE NIERITZ.
BIBLIOTHÈQUE DE LA JEUNESSE
Contes choisis traduits de l'allemand
par
St. Leportier.
Avec gravures coloriées.

Douze volumes joliment réliés. Édition de luxe.

Prix de chaque volume 15 Ngr. = 2 Francs.

Voyage dans le Hartz, ou les vues de Dieu sont impénétrables.
Le fils du vieil invalide, ou l'amour filial récompensé.
Frédéric et Oscar Dornbusch, ou aimez votre prochain comme vous-même.
Jonas et le prince enlevé, ou à chacun selon ses oeuvres.
Le petit berger et son chien, ou pardonnez et il vous sera pardonné.
Gottlieb, le petit mineur, ou qui bien fera, bien trouvera.
Huit jours de voyage, ou l'orchestre ambulant.
Tobias, ou la flûte magique, Légende historique.
Le bon curé de campagne, ou Dieu est au ciel! O homme pourquoi perdre courage?
Le jeune Valentin Duval, ou l'art de ne devoir son bonheur qu'à soi-même.
Gotthard et son cheval noir.
Les enfants d'Edouard, ou le cinquième commandement.

Miß Grace Aguilar.

Erziehungsresultate. Eine Erzählung für Mütter und Töchter. Nach dem Englischen „Home influences". Zweite Auflage. Elegant gebunden. Preis 1 Thlr. 15. Ngr.
Der Lohn einer Mutter. (Fortsetzung der Erziehungsresultate) Eine Erzählung für Mütter und Töchter. Uebersetzt nach der fünften Auflage des englischen Originals „The mother's recompense." Elegant gebunden. Preis 1 Thlr. 25 Ngr.
Mädchenfreundschaft. Elegant gebunden. Preis 28 Ngr.

Typisch 19. Jahrhundert. Genau genommen: Wende zum 20. Jahrhundert. Ich zähle mindestens neun verschiedene Schriften. Gegen diese Art von Typografie trat die Reform von William Morris an (um 1900), und ebenso – 25 Jahre später – die des Bauhauses (siehe Seite 27).
Die Konsequenz der Reform führte schließlich zur asketisch-minimalistischen Typografie-Auffassung der 60er Jahre: Eine (Grotesk-)Schrift, eine Größe für alles. Offenbar bringt die Askese heutigen Typografen kein Erfolgserlebnis ein. Sie wollen ihren Spaß an der Sache haben und ihre vielen Schriften einsetzen.

Typisch 20. Jahrhundert, Wende zum 21. Jahrhundert. Da treibt es einer noch schlimmer als sein Vorläufer vor 100 Jahren. Er hat sich dabei übernommen. Nichts passt zusammen. Es ist aber kein kurioses Zufalls-Durcheinander, sondern bewusst gestaltet.
Die Lehre daraus: lassen wir uns auf derlei nicht ein. Beschränken wir uns auf zwei, höchstens drei Schriften.

LES MAMELLES DE TIRÉSIAS
Poem from · Gedicht von · Poème de: **Guillaume Apollinaire**
(PUBLISHERS · VERLAG · EDITION: HEUGEL & CIE.)

Thérèse: **Barbara Bonney**
Husband: **Jean-Paul Fouchécourt**
Gendarme: **Wolfgang Holzmair**
Director: **Jean-Philippe Lafont**
Presto: **Mark Oswald**
Lacouf: **Graham Clark**
Journalist: **Gordon Gietz**
Son: **Anthony Griffey**
Newspaper woman: **Akemi Sakamoto**

TOKYO OPERA SINGERS
Takamori Egami
Chorus master · Einstudierung · Chef des chœurs
Vocal coach: **Pierre Valet**
Assistant Conductor: **Emmanuel Villaumme**

SAITO KINEN ORCHESTRA
Seiji Ozawa

LE BAL MASQUÉ
Poems from · Gedichte von · Poèmes de: **Max Jacob**
(PUBLISHERS · VERLAG: EDITIONS SALABERT S.A.)

Wolfgang Holzmair
baritone · Bariton · barytone
(19, 21, 23, 24)

Members of the
SAITO KINEN ORCHESTRA
Michel Beroff PIANO · KLAVIER
Tatsuya Yabe VIOLIN · VIOLINE · VIOLON
Tsuyoshi Tsutsumi CELLO · VIOLONCELLO · VIOLONCELLE
Fumiaki Miyamoto OBOE · HAUTBOIS
Karl Leister CLARINET · KLARINETTE · CLARINETTE
Akio Koyama BASSOON · FAGOTT · BASSON
Timothy Morrison TRUMPET · TROMPETE · TROMPETTE
Sawako Suziki PERCUSSIONS · SCHLAGZEUG
Koya Nakatani PERCUSSIONS · SCHLAGZEUG

Seiji Ozawa

RECORDED · AUFNAHME · ENREGISTREMENT
Nagano-Ken Bunka Kaikan, Matsumoto, Japan, 9/1996

Renderings by Sarah G. Conly are from the Saito Kinen Festival productions of "Les Mamelles de Tirésias" directed by David Kneuss and designed by John Michael Deegan and Sarah G. Conly

ARTIST & REPERTOIRE PRODUCTION: *Clive Bennett, Wilhelm Hellweg*
PRODUCER: *Wilhelm Hellweg*
BALANCE ENGINEER: *Onno Scholtze*
RECORDING ENGINEERS: *Everett Porter, Kiyoshi Fukiwa*

Gut gemischt – nicht mitmischen

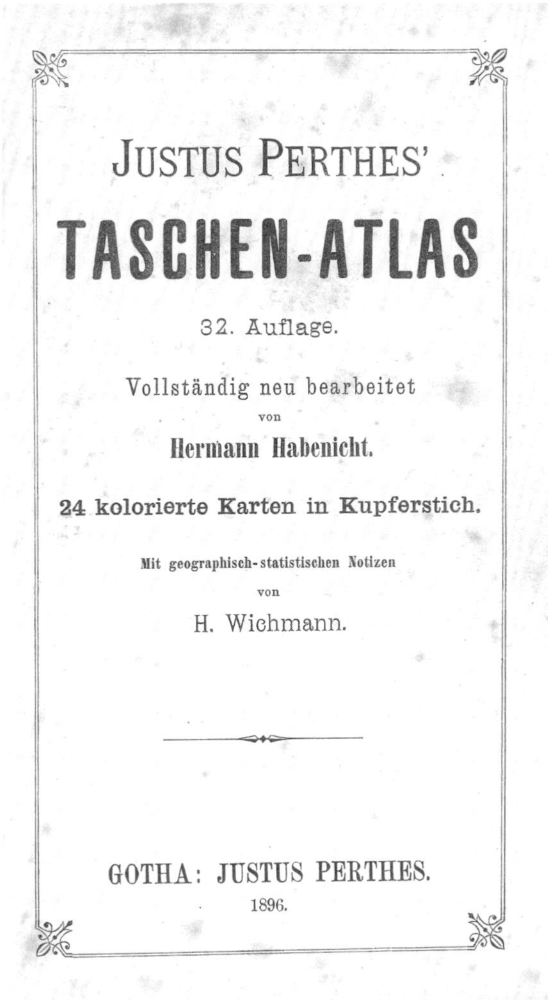

JUSTUS PERTHES'

TASCHEN-ATLAS

32. Auflage.

Vollständig neu bearbeitet

von

Hermann Habenicht.

24 kolorierte Karten in Kupferstich.

Mit geographisch-statistischen Notizen

von

H. Wichmann.

GOTHA: JUSTUS PERTHES.

1896.

Bei der Suche nach Schriftmischungs-Gegenbeispielen stieß ich auf dieses Titelblatt aus dem Atlas meines Großvaters. Zwölf Zeilen, zehn Schriften, verschieden weit gesperrt. Aber das ist gut gemacht! Wieso? Weil die Größen, die Kontraste, das »Licht« und vor allem die Zeilenabstände so wohlbedacht gewählt und ausgewogen sind, dass keine Zeile die andere stört.
So können unsere typografischen Überzeugungen und Vorurteile widerlegt werden.

Es erwies sich als schwierig, positive Beispiele heutiger Typografie zu finden, bei der drei oder mehr Schriften gemischt sind. Offensichtlich haben die guten Lehren der Lehrer mehrerer Generationen, die uns zu typografischer Bescheidenheit ermahnt haben, gefruchtet. Nur bei bewusst mit der Schrift spielenden Typografie-Profis bin ich fündig geworden.
Hier werden die verschiedenen Schriften illustrativ zur jeweiligen Thematik passend eingesetzt (Gert Wunderlich). Dort das ironisierende Spiel mit den Worten, ein typografisches Zitat der 20er Jahre (Friedrich Forssman).

Derlei ist Sache von Berufstypografen. Alle anderen sollten sich nicht darauf einlassen.

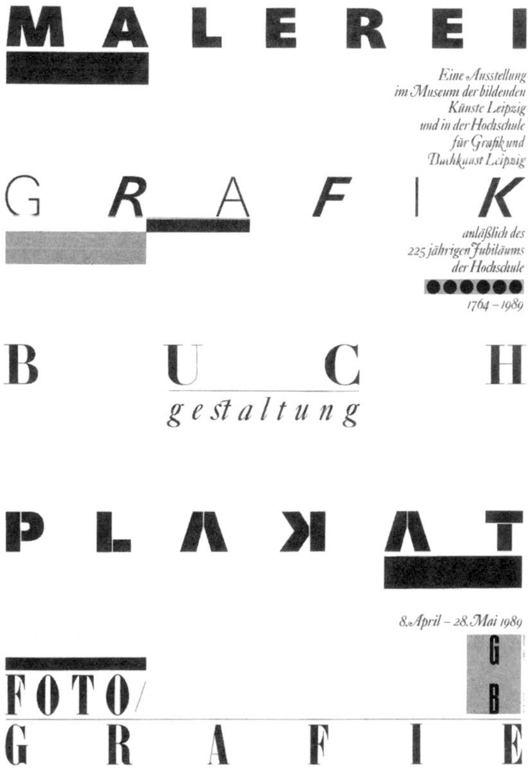

Kontrast

Ob ein Normalleser wohl merkt, dass hier zwei verschiedene Schriften verwendet wurden? Die beiden sind ähnlich groß, ähnlich schwarz, stilistisch so verwandt wie Vetter und Kusine. Warum kann das nicht funktionieren?

Typoskript – TS 208 des Wittgenstein Nachlasses, aus dem Besitz der Nachlaßverwalter, Wren Library, Trinity College, Cambridge

Das Typoskript 208 ist eine von Wittgenstein zwischen Ende März und Anfang April 1930 in Wien diktierte Synopse aus den Bänden I, II, III und dem ersten Teil von Band IV.

Die Datierung post quem ergibt sich aus der Datierung des letzten aus dem Band IV in die

Thema Schriftmischung. Das erste Stichwort heißt:

Kontrast

Die Veränderung des Schriftbildes bei gleichem Grauwert genügt nicht, um den Unterschied erkennbar zu machen.

Schriftmischung
Das ist einander zu ähnlich. Es muss zusätzlich mindestens ein Auszeichnungsschritt hinzukommen. Bei gleichem Grauwert wäre das zum Beispiel die Kursive.

Schriftmischung
Je »stärker« der Auszeichnungsschritt gewählt wird, desto deutlicher wird der Unterschied der Schriften erkennbar.

Stilistisch ist das eine Unmöglichkeit: ein statisches Initial mit großem Strichstärkenkontrast und eine dynamische Grundschrift mit gleichmäßigerer Strichstärke. Nicht verwandt genug und nicht verschieden genug. Warum funktioniert das trotzdem?

Mit einer doppelt so hohen Zuschauerquote wie *Big Brother* ist *C'est mon choix („Es ist meine Wahl“)* die zurzeit beliebteste Fernsehshow in Frankreich. Das Konzept besteht darin, einen Gast auftreten und ihn eine Wahl treffen zu lassen, die sein Leben nachhaltig verändert. So kann sich der Gast entscheiden, niemals mehr Unterwäsche zu tragen oder – und das ist tatsächlich vorgekommen – für seine Eltern jeweils passendere

Dass der Unterschied der Schriftgröße ein so deutlicher Kontrast ist, dass Stil-Differenzen überwunden werden, wird hier nebenan gezeigt.

Schriftmischung
Die Farbe ist ein heikles zusätzliches Auszeichnungsmittel, es funktioniert nur bei kräftigen Schriften und kräftigen Farben.

Verschlechterung der deutsch-deutschen Beziehungen. Im April 1983 sagte Erich Honecker einen geplanten Besuch in der Bundesrepublik ab. Erst nachVerhältnis ein. Im Oktober gab Erich Honecker den Abbau der Selbstschußanlagen an der innerdeutschen Grenze bekannt, und die DDR lockerte erstmals ihre kers: «Ich habe Strauß nie als einen Feind der DDR gesehen. Er war ein Realpolitiker. Ich habe ihn sehr geachtet. Er hat immer das eingehalten, was er gesagt hat.»

SCHRIFTMISCHUNG
Zusätzliche typografische Gestaltungselemente, wie zum Beispiel Versalsatz, verstärken die Unterschiede der beiden Schriften.

Der Milliardenkredit Es war im Grunde genommen aus der Sicht der Bundesrepublik Deutschland der erste Schritt, die Abhängigkeit der DDR zur Bundesrepublik politisch bedeutend zu erhöhen. **Alexander Schalck-Golodkowski** **Wirtschaft 87**

Damit ist die Skala der Möglichkeiten bei weitem nicht erschöpft. Wichtig ist zunächst nur, dass der formale Kontrast – wie auch immer er erzeugt ist – die Schriftmischung verstärkt.

Die dynamischen Schriften – mit und ohne Serifen – passen gut zueinander. Die Zusammenhänge werden aber erst deshalb durchschaubar, weil die Grotesk einmal halbfett auftritt und dazu in einer anderen Typografie.

Die Schriftmischung Grotesk – Antiqua hätte nicht genügt. Sobald die Antiqua zusätzlich kursiv gesetzt ist, ist der Schriften-Dialog geklärt.

D Einen Black and White bitte.
C *Für mich einen Pernod.*
D Die Sache bleibt aber unter uns.
C *Darauf können Sie sich verlassen.*
D Kennen wir uns?

Alle Beispiel-Ausschnitte in Originalgröße.

Stilfragen

Vier Textschriften, fünf Überschriften (das Beispiel nicht mitgezählt).
Die Kontraste sind – entsprechend den Hinweisen auf der linken Seite – auf einfachste Weise deutlich genug, nämlich durch halbfette Überschriften.
Somit ist es eine reine Stilfrage, was zusammengestellt wird.

SPIEL 4

Die fünf Antiqua-Schriften und die sechs Grotesk-Überschriften sind nach dem Schriftnamen alphabetisch angeordnet.
Es sollen die stilistisch »richtigen« Paarungen zusammengestellt werden.
Bitte kopieren Sie die Seite ein paarmal und kleben die Überschriften in der stilistisch passenden Paarung über die Textblöcke – entsprechend dem Beispiel.
(Kleben Sie nicht ins Buch, beide Schriften müssen auf dem identischen Papier stehen.)

Das ist keine leichte Aufgabe. Bei der Zuordnung kann Ihnen die Erklärung von Seite 60/61 und die Matrix von Seite 78/79 helfen.

Stilfragen – keine Geschmackssache FUTURA

Stilfragen – keine Geschmackssache HELVETICA

Stilfragen – keine Geschmackssache META

Stilfragen – keine Geschmackssache NEWS GOTHIC

Stilfragen – keine Geschmackssache SYNTAX

Stilfragen – keine Geschmackssache TODAY

Dies ist ein Blindtext. An ihm lässt sich vieles ablesen über die Schrift, in der er gesetzt ist. Auf den ersten Blick wird der Grauwert der Schriftfläche sichtbar. Dann kann man prüfen, wie gut die Schrift zu lesen ist und wie sie auf den Leser wirkt. Man kann nachmessen, wie breit oder schmal sie läuft. Beispiel: BEMBO

Dies ist ein Blindtext. An ihm lässt sich vieles ablesen über die Schrift, in der er gesetzt ist. Auf den ersten Blick wird der Grauwert der Schriftfläche sichtbar. Dann kann man prüfen, wie gut die Schrift zu lesen ist und wie sie auf den Leser wirkt. Man kann nachmessen, wie breit oder schmal sie läuft. CENTURY

Dies ist ein Blindtext. An ihm lässt sich vieles ablesen über die Schrift, in der er gesetzt ist. Auf den ersten Blick wird der Grauwert der Schriftfläche sichtbar. Dann kann man prüfen, wie gut die Schrift zu lesen ist und wie sie auf den Leser wirkt. Man kann nachmessen, wie breit oder schmal sie läuft. GARAMOND

Dies ist ein Blindtext. An ihm lässt sich vieles ablesen über die Schrift, in der er gesetzt ist. Auf den ersten Blick wird der Grauwert der Schriftfläche sichtbar. Dann kann man prüfen, wie gut die Schrift zu lesen ist und wie sie auf den Leser wirkt. Man kann nachmessen, wie breit oder schmal sie läuft. TIMES

Dies ist ein Blindtext. An ihm lässt sich vieles ablesen über die Schrift, in der er gesetzt ist. Auf den ersten Blick wird der Grauwert der Schriftfläche sichtbar. Dann kann man prüfen, wie gut die Schrift zu lesen ist und wie sie auf den Leser wirkt. Man kann nachmessen, wie breit oder schmal sie läuft. WALBAUM

Die stilistisch korrekten Schriftmischungen:

Text Century, Überschrift News Gothic, zwei statische »Arbeiter-Schriften«, ebenso das Beispiel Bembo mit Today.

Text Garamond, Überschrift Syntax, beides dynamische »Wanderer«.

Text Walbaum, Überschrift Helvetica, statische »Soldaten«.

Was aber passt zur Times? Nach meinem Empfinden sowohl die News Gothic als auch die Meta.

Und wozu passt die Futura? Von der Stilverwandtschaft her zu keiner, wegen des Stilkontrastes zu allen.

Stilfragen

Eine von Gott eingesetzte Obrigkeit

Absolutismus

Die Epoche von 1600 bzw. 1648 bis zur Französischen Revolution wird als die Zeit des Absolutismus bezeichnet. Den Höhepunkt erreichte diese Staatsform zur Zeit Ludwigs XIV.

Starker Kontrast: statische mit konstruierter Schrift.

/ JAN ASSMANN / **WEISHEIT UND MYSTERIUM** / DAS BILD DER GRIECHEN VON ÄGYPTEN
VERLAG C. H. BECK MÜNCHEN

Fein. Zwei Schriften wie aus einem Guss.

AUS DEM BUCH

RUCK INS LEERE

Roman Herzogs »Berliner Rede« vom April 1997 im r
Hotel Adlon ist rasch zu einer Art Katechismus der
prediger geworden. »Daß der Wettbewerb zwische
nach ähnlichen Regeln abläuft wie der zwischen Ur

Raffniert

Der Erzpfaffe Paulus. Ein Kirchspiel von
Jörg W. Gronius und Bernd Rauschenbach:

Saufrech

Von der un
Problemhaut

Problematisch: Ein kalligrafisches Schreibschrift-Initial zu einer Kursiven, die ebenfalls, aber auf ganz andere Weise vom Schreiben kommt.

dem Autor zurückgab, hatte man es umsichtigerweise abgetippt. Die Kopie überdauerte dort bis in unsere Tage, und jetzt bekamen wir sie zur Veröffentlichung …

MEIN TAGEBUCH

2. September 1923. Sonntag

In meiner Schwermut und in meiner Sehnsucht nach der Vergangenheit kommt es manchmal vor, so wie jetzt in dieser blöden Situation zeitweiliger Enge in dem scheußlichen Zimmer des scheußlichen Hauses[2], daß in mir Explosionen

Drei Schriften eindeutig unterschieden.

88 Die Arbeit miteinander

Die heute nahezu unbegrenzten Möglichke
die Originalität gestalteter Aussagen zuneh
das erste Scribble als Beginn jeder gestalteri
technisch abgewandelte Kopie ersetzt zu w
Qualifikation besondere Aufmerksamkeit g

So geht es nicht. Eine statische zu einer dynamischen Antiqua – zu ähnlich und zu fremd, das kann keiner nachvollziehen.

Ist dieser Versuch, extreme Gegensätze als Spiegel unserer Zeit zu typo-visualisieren gelungen oder misslungen?

Verbindliche Anmeldung

type it

Typografie

Kongress
20. Juni 2001

❑ Ja, ich nehme teil.

Brody Forum Typograf
Zeitung Spass Syntax
Screendesign Buchstab
Modedesign Zeilenab
Caslon Grotesk Dur
Verpackungsdesign Le
Typografie Weidemann
Brody Forum Typograf

Stilfragen

Geschmackssache

Zuvor, auf Seite 93, sollten stilistisch korrekte Schriftmischungen ausprobiert werden. Wer das einmal verstanden hat, kann eigentlich nichts mehr falsch machen. Doch wenn Schrift-Kombinationen immer nur nach den Vorschriften der »Typographical Correctness« abgeschmeckt würden – das wäre eine langweilige Küche. Für eine raffniertere Kochkunst bedarf es allerdings einigen Gefühls für die Zutaten (und Erfahrung bei der Zubereitung, doch das ist eine andere Geschichte). Mit der Schrift ist es ebenso.

Auf der linken Seite sind einige Schriftmischungs-Beispiele aus der Praxis abgebildet (alle Ausschnitte in Originalgröße). Was sind Ihre Empfindungen, was ist Ihre Meinung, wenn Sie das betrachten? Ich habe meine Meinung in der Bildunterschrift kurz angemerkt.

Hier rechts sind einige geschmacksbildende Schriftmischungen ausprobiert, samt meinen persönlichen Assoziationen. Mit dem Schriftenmischen ist es wie beim Kochen: Traditionen und persönliche Vorlieben, sachliche Überlegungen, kollektive Erfahrungen, Routine und Kreativität spielen gleichermaßen eine Rolle.

Es ist schon viel gewonnen, wenn einer gründlich darüber nachdenkt und vor allem sorgsam ausprobiert, was er zusammenstellt. Sehen Sie sich mit solcherart geschärften Schrift-Empfindungen in Ihrer Stadt um. Ob Ihnen der Appetit vergeht?

Das ist wie:

Geschmackssache
Dies ist ein Blindtext. An ihm lässt sich vieles ablesen über die Schrift, in der er gesetzt ist. Auf den ersten Blick wird der Grauwert der Schriftfläche sichtbar. Dann kann man prüfen, wie gut die Schrift zu lesen ist und wie sie auf den Leser wirkt.

Erdbeeren nature.
Hoffentlich ist die Ernte gut.
GARAMOND MIT GARAMOND-ÜBERSCHRIFT

Geschmackssache
Dies ist ein Blindtext. An ihm lässt sich vieles ablesen über die Schrift, in der er gesetzt ist. Auf den ersten Blick wird der Grauwert der Schriftfläche sichtbar. Dann kann man prüfen, wie gut die Schrift zu lesen ist und wie sie auf den Leser wirkt.

Erdbeeren mit Himbeersirup.
Wonach soll das eigentlich schmecken?
GARAMOND MIT BEMBO

Geschmackssache
Dies ist ein Blindtext. An ihm lässt sich vieles ablesen über die Schrift, in der er gesetzt ist. Auf den ersten Blick wird der Grauwert der Schriftfläche sichtbar. Dann kann man prüfen, wie gut die Schrift zu lesen ist und wie sie auf den Leser wirkt.

Erdbeeren mit Sahne.
Ob Hobby-Koch oder Profi, das fällt jedem ein, da kann nichts passieren.
GARAMOND MIT SYNTAX

Geschmackssache
Dies ist ein Blindtext. An ihm lässt sich vieles ablesen über die Schrift, in der er gesetzt ist. Auf den ersten Blick wird der Grauwert der Schriftfläche sichtbar. Dann kann man prüfen, wie gut die Schrift zu lesen ist und wie sie auf den Leser wirkt.

Erdbeeren mit Fruchtzwerg.
Mal eben im Supermarkt gegriffen; es stand vornean im Regal.
GARAMOND MIT ARIAL ROUNDED

GESCHMACKSSACHE
Dies ist ein Blindtext. An ihm lässt sich vieles ablesen über die Schrift, in der er gesetzt ist. Auf den ersten Blick wird der Grauwert der Schriftfläche sichtbar. Dann kann man prüfen, wie gut die Schrift zu lesen ist und wie sie auf den Leser wirkt.

Erdbeeren mit frisch gemahlenem Pfeffer.
Das traut sich nicht jeder. Geschmackssteigerung gegen die Konvention.
GARAMOND MIT BRIX SLAB

Geschmackssache
Dies ist ein Blindtext. An ihm lässt sich vieles ablesen über die Schrift, in der er gesetzt ist. Auf den ersten Blick wird der Grauwert der Schriftfläche sichtbar. Dann kann man prüfen, wie gut die Schrift zu lesen ist und wie sie auf den Leser wirkt.

Erdbeeren mit Maracuja.
Die Zutat gewinnt.
GARAMOND MIT ZAPFINO

GESCHMACKSSACHE
Dies ist ein Blindtext. An ihm lässt sich vieles ablesen über die Schrift, in der er gesetzt ist. Auf den ersten Blick wird der Grauwert der Schriftfläche sichtbar. Dann kann man prüfen, wie gut die Schrift zu lesen ist und wie sie auf den Leser wirkt.

Erdbeeren mit Ketchup.
Selber schuld.
GARAMOND MIT NY SUBWAY

Typo-Emotionen 1

SPIEL 5

Ein kleiner Textblock in vier verschiedenen Schriften, je zweimal.
24 verschiedene Überschriften zur Auswahl.

Die Frage ist: kann man durch die Kombination von zwei Schriften deren Ausstrahlung ändern und damit die Stimmung, in der die Mitteilung gelesen wird, beeinflussen?

Bitte kopieren Sie die beiden Seiten und probieren Sie aus, wie die möglichen Kombinationen wirken.
Damit die Suche nach der »richtigen« Paarung nicht zufällig erfolgt, schlage ich als Versuch vor, einen bestimmten Inhalt des Textes durch die Schriftwahl spürbar zu machen.
Der Text samt der Überschrift soll zum Beispiel hinweisen auf Themen wie:

Theaterabend

Zahlungsaufforderung

Schnäppchen-Angebot

Terminverschiebung

Vereinsmitteilung

Vertragskündigung

Blauer Brief

Lotto-Gewinn

Typografie-Seminar

Volksmusik-Konzert

Jazz-Konzert

Kirchliche Nachrichten

Kinderfest

Der Blindtext-Versuch macht es möglich, die Wirkung der Schriften zu erspüren, ohne zuerst vom Inhalt der Botschaft überrumpelt zu sein.
Das Ziel sollte sein, nicht möglichst originelle, sondern möglichst »stimmige« Schriftmischungen zu finden.
Mit dem Ergebnis werden Sie allein gelassen, da gibt es kein »richtig« oder »falsch«.
Die Probe kann nur sein, ob andere ebenso empfinden wie Sie.

ÜBERSCHRIFT
HELVETICA

Überschrift
ZAPFINO

Überschrift
BEOWOLF

ÜBERSCHRIFT
THE SANS

Überschrift
PALATINO ITALIC

ÜBERSCHRIFT
PALATINO

Überschrift
FRANKLIN GOTHIC

ÜBERSCHRIFT
STENCIL

Überschrift
AMERICAN TYPEWRITER

Überschrift
SYNTAX

Überschrift
BRANDON GROTESQUE

ÜBERSCHRIFT
FUTURA

Überschrift
ALTE SCHWABACHER

ÜBERSCHRIFT
OFFICINA SANS

ÜBERSCHRIFT
OPTIMA

Überschrift
PROKYON

Überschrift
SUBWAY NEW YORK

Überschrift
EUROSTILE

Überschrift
STEMPEL SCHNEIDLER

Überschrift
TIGER RAG

ÜBERSCHRIFT
OMNIA

Überschrift
AVANT GARDE

Überschrift
ONDINE

Überschrift
ZAPF CHANCERY

ÜBERSCHRIFT

Dies ist ein Blindtext. An ihm lässt sich vieles ablesen über die Schrift, in der er gesetzt ist. Auf den ersten Blick wird der Grauwert der Schriftfläche sichtbar. Dann kann man prüfen, wie gut die Schrift zu lesen ist und wie sie

Beispiel
BEMBO

Überschrift

Dies ist ein Blindtext. An ihm lässt sich vieles ablesen über die Schrift, in der er gesetzt ist. Auf den ersten Blick wird der Grauwert der Schriftfläche sichtbar. Dann kann man prüfen, wie gut die Schrift zu lesen ist und wie sie

Dies ist ein Blindtext. An ihm lässt sich vieles ablesen über die Schrift, in der er gesetzt ist. Auf den ersten Blick wird der Grauwert der Schriftfläche sichtbar. Dann kann man prüfen, wie gut die Schrift zu lesen ist und wie sie

Dies ist ein Blindtext. An ihm lässt sich vieles ablesen über die Schrift, in der er gesetzt ist. Auf den ersten Blick wird der Grauwert der Schriftfläche sichtbar. Dann kann man prüfen, wie gut die Schrift zu lesen ist und wie sie

Dies ist ein Blindtext. An ihm lässt sich vieles ablesen über die Schrift, in der er gesetzt ist. Auf den ersten Blick wird der Grauwert der Schriftfläche sichtbar. Dann kann man prüfen, wie gut die Schrift zu lesen ist und wie sie

Dies ist ein Blindtext. An ihm lässt sich vieles ablesen über die Schrift, in der er gesetzt ist. Auf den ersten Blick wird der Grauwert der Schriftfläche sichtbar. Dann kann man prüfen, wie gut die Schrift zu lesen ist und wie sie

Dies ist ein Blindtext. An ihm lässt sich vieles ablesen über die Schrift, in der er gesetzt ist. Auf den ersten Blick wird der Grauwert der Schrift-fläche sichtbar. Dann kann man prüfen, wie gut die Schrift zu lesen ist und wie sie auf

Dies ist ein Blindtext. An ihm lässt sich vieles ablesen über die Schrift, in der er gesetzt ist. Auf den ersten Blick wird der Grauwert der Schrift-fläche sichtbar. Dann kann man prüfen, wie gut die Schrift zu lesen ist und wie sie auf

Dies ist ein Blindtext. An ihm lässt sich vieles ablesen über die Schrift, in der er gesetzt ist. Auf den ersten Blick wird der Grauwert der Schriftfläche sichtbar. Dann kann man prüfen, wie gut die Schrift zu lesen ist und wie sie

Dies ist ein Blindtext. An ihm lässt sich vieles ablesen über die Schrift, in der er gesetzt ist. Auf den ersten Blick wird der Grauwert der Schriftfläche sichtbar. Dann kann man prüfen, wie gut die Schrift zu lesen ist und wie sie

Dies ist ein Blindtext. An ihm lässt sich vieles ablesen über die Schrift, in der er gesetzt ist. Auf den ersten Blick wird der Grauwert der Schriftfläche sichtbar. Dann kann man prüfen, wie gut die Schrift zu lesen ist und wie sie

Dies ist ein Blindtext. An ihm lässt sich vieles ablesen über die Schrift, in der er gesetzt ist. Auf den ersten Blick wird der Grauwert der Schriftfläche sichtbar. Dann kann man prüfen, wie gut die Schrift zu lesen ist und wie sie

Typo-Emotionen 2

SPIEL 6

Drei Schriften in Einklang bringen.
Wieder auf dem Umweg über Kopien dieser Seiten.
Gedacht ist an eine Art Zeitung oder ein lokales Mitteilungsblatt.
Zur **Grundschrift** (Seite 99) kommt ein kurzer **Vortext** (rechte Spalte), dem man entnehmen soll, ob es sich lohnt, weiterzulesen; er steht links vor den beiden Textspalten. Und dann vor allem die **Schlagzeile** (Headline); die kann rein informierend sein oder Emotionen wecken.

Themenvorschläge

Sport-Event

Katastrophe

Spritpreis-Erhöhung

Bestechungsskandal

Nachruf auf eine Diva

Disco-Event

Opernkritik

Pauschalreisetipps (und Ähnliches).

Der Vortext kann sich dem Grundtext über- oder unterordnen oder seine eigene typografische Sprache sprechen.
Das Ziel ist ein Zusammenspiel der drei Schriften. Der Kontrast der Schriftgrößen erlaubt größeren Mut als bei den Schriftmischungen der Seiten 93, aber Achtung, es passt bestimmt nicht alles zusammen. Vielleicht wirkt aber auch Zurückhaltung stärker, denn übertriebene typografische »Anmache« kann schnell unangenehm aufdringlich wirken.
Es ist wieder Ihre eigene Entscheidung und Ihre Verantwortung. Ich habe absichtlich die Schriftnamen weggelassen, damit Sie sich ganz aufs Schriftgefühl konzentrieren können.

Eine derartige Studie kann nicht die typografische Praxis imitieren, aber sie kann zum Anliegen von »Wegweiser Schrift« beitragen, nämlich für die Welt unserer Schriften sensibel zu machen.

Schlagzeile
BEOWOLF

Schlagzeile
REPORTER

SCHLAGZEILE
PEIGNOT

Schlagzeile
PALATINO

Schlagzeile
CAG REG

Schlagzeile
CLARENDON

SCHLAGZEILE
BANCO

SCHLAGZEILE
META

SCHLAGZEILE
ROCKWELL

SCHLAGZEILE
BAUER BODONI

SCHLAGZEILE
HELVETICA NEUE

Dies ist ein Blindtext. An ihm lässt sich vieles ablesen über die Schrift, in der er gesetzt ist. Auf den ersten Blick wird der Grauwert der Schrift

Dies ist ein Blindtext. An ihm lässt sich vieles ablesen über die Schrift, in der er gesetzt ist. Auf den ersten Blick wird der Grauwert der Schriftfläche sichtbar. Dann

Dies ist ein Blindtext. An ihm lässt sich vieles ablesen über die Schrift, in der er gesetzt ist. Auf den ersten Blick wird der Grauwert der Schrift

DIES IST EIN BLINDTEXT. AN IHM LÄSST SICH VIELES ABLESEN ÜBER DIE SCHRIFT, IN DER ER GESETZT IST. AUF DEN ERSTEN BLICK WIRD DER GRAUWERT DER SCHRIFTFLÄCHE SICHTBAR

Dies ist ein Blindtext. An ihm lässt sich vieles ablesen über die Schrift, in der er gesetzt ist. Auf den ersten Blick wird der Grauwert der Schriftfläche sichtbar. Dann

Dies ist ein Blindtext. An ihm lässt sich vieles ablesen über die Schrift, in der er gesetzt ist. Auf den ersten Blick wird der Grauwert der Schriftfläche sichtbar. Dann kann man

Dies ist ein Blindtext. An ihm lässt sich vieles ablesen über die Schrift, in der er gesetzt ist. Auf den ersten Blick wird der Grauwert der Schriftfläche

Dies ist ein Blindtext. An ihm lässt sich vieles ablesen über die Schrift, in der er gesetzt ist. Auf den ersten Blick wird der Grauwert der Schriftfläche sichtbar. Dann kann

Schlagzeile

Dies ist ein Blindtext. An ihm lässt sich vieles ablesen über die Schrift, in der er gesetzt ist. Auf den ersten Blick wird der Grauwert der Schrift.

Dies ist ein Blindtext. An ihm lässt sich vieles ablesen über die Schrift, in der er gesetzt ist. Auf den ersten Blick wird der Grauwert der Schriftfläche sichtbar. Dann kann man prüfen, wie gut die Schrift zu lesen ist und wie sie auf den Leser wirkt. Natürlich spielt

Dies ist ein Blindtext. An ihm lässt sich vieles ablesen über die Schrift, in der er gesetzt ist. Auf den ersten Blick wird der Grauwert der Schriftfläche sichtbar. Dann kann man prüfen, wie gut die Schrift zu lesen ist und wie sie auf den Leser wirkt. Natürlich spielt

Dies ist ein Blindtext. An ihm lässt sich vieles ablesen über die Schrift, in der er gesetzt ist. Auf den ersten Blick wird der Grauwert der Schriftfläche sichtbar. Dann kann man prüfen, wie gut die Schrift zu lesen ist und wie sie auf den Leser wirkt. Natürlich spielt für die

Dies ist ein Blindtext. An ihm lässt sich vieles ablesen über die Schrift, in der er gesetzt ist. Auf den ersten Blick wird der Grauwert der Schriftfläche sichtbar. Dann kann man prüfen, wie gut die Schrift zu lesen ist und wie sie auf den Leser wirkt. Natürlich spielt für die

Dies ist ein Blindtext. An ihm lässt sich vieles ablesen über die Schrift, in der er gesetzt ist. Auf den ersten Blick wird der Grauwert der Schriftfläche sichtbar. Dann kann man prüfen, wie gut die Schrift zu lesen ist und wie sie auf den Leser wirkt. Natürlich spielt

Dies ist ein Blindtext. An ihm lässt sich vieles ablesen über die Schrift, in der er gesetzt ist. Auf den ersten Blick wird der Grauwert der Schriftfläche sichtbar. Dann kann man prüfen, wie gut die Schrift zu lesen ist und wie sie auf den Leser wirkt. Natürlich spielt

Dies ist ein Blindtext. An ihm lässt sich vieles ablesen über die Schrift, in der er gesetzt ist. Auf den ersten Blick wird der Grauwert der Schriftfläche sichtbar. Dann kann man prüfen, wie gut die Schrift zu lesen ist und wie sie auf den Leser wirkt. Natürlich spielt für

Dies ist ein Blindtext. An ihm lässt sich vieles ablesen über die Schrift, in der er gesetzt ist Auf den ersten Blick wird der Grauwert der Schriftfläche sichtbar. Dann kann man prüfen, wie gut die Schrift zu lesen ist und wie sie auf den Leser wirkt. Natürlich spielt für

Dies ist ein Blindtext. An ihm lässt sich vieles ablesen über die Schrift, in der er gesetzt ist. Auf den ersten Blick wird der Grauwert der Schriftfläche sichtbar. Dann kann man prüfen, wie gut die Schrift zu lesen ist und wie sie auf den Leser wirkt. Natürlich spielt für die Lesbar-

Dies ist ein Blindtext. An ihm lässt sich vieles ablesen über die Schrift, in der er gesetzt ist. Auf den ersten Blick wird der Grauwert der Schriftfläche sichtbar. Dann kann man prüfen, wie gut die Schrift zu lesen ist und wie sie auf den Leser wirkt. Natürlich spielt für die Lesbar-

Glossar

In das Glossar wurden vor allem die Begriffe aufgenommen, die den »Laien-Typografen« unklar waren. Auf die entsprechenden Textstellen im Buch wurde nur dann verwiesen, wenn dadurch eine genauere Erklärung gegeben wird oder wenn eine Definition nur eine Wiederholung des Textes wäre.
Es sind auch einige Begriffe aufgenommen, die im Text nicht verwendet wurden, aber im Kontext benötigt werden könnten.

Akzidenz, Akzidenzsatz
Schriftsatz von Gelegenheitsdrucksachen, die vom »Akzidenz-Setzer« gestaltet wurden, z. B. Anzeigen (im Gegensatz zum →Mengensatz)

anachsial
Satzanordnung, die nicht dem Mittelachsenprinzip folgt

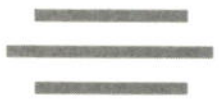
Mittelachse

Linksachse

Rechtsachse

Anführungszeichen
„Deutsche" Anführungen („neunundneunzig unten, sechsundsechzig" oben), »französische« Anführungszeichen, nicht zu verwechseln mit den mathematischen Zeichen < kleiner als und > größer als
41

Anstrich
Der Anstrich ergibt sich bei einigen Buchstabenformen beim Schreiben mit der Feder

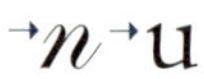

Antiqua
Schrift des lateinischen Alphabets. Im allgemeinen Sprachgebrauch eine Schrift mit normalen →Serifen (im Gegensatz zur serifenlosen →Grotesk oder zur serifenbetonten →Egyptienne)
49

Ausschluss
(Wortzwischenraum, Wortabstand)
Der (veränderbare) Abstand zwischen den Wörtern einer Zeile

Auszeichnung
Hervorhebung einzelner Buchstaben, Wörter, Zeilen oder Absätze gegenüber der umliegenden Schrift

Barock-Antiqua
51 80

Bindestrich
→Divis

Bleisatz
Satz mit in Metall gegossenen Typen. Vom 15. Jahrhundert bis in die Mitte des 20. Jahrhunderts die vorherrschende Technik, um Schrift zu drucken

Blocksatz
Satzart, bei der die Zeilen durch Erweiterung der Wortzwischenräume auf gleiche Breite gebracht werden

Bold
Halbfette oder fette Schrift
47

Breitfederduktus
Durch das Schreiben mit der flach angeschnittenen Rohr-, Kiel- oder Stahlfeder entstandener Schriftduktus mit deutlichem Unterschied der dicken und dünnen Linien und mit nach links geneigter Achse der Rundungen
14

Brotschriften
Die Schriften, mit deren Satz die Setzer früher im Akkord →Mengensatz ihr tägliches Brot verdienten

Computerausdruck
Wiedergabe von Satzelementen wie Schrift, Bildern, Linien mittels Laserdrucker oder Tintenstrahldrucker. Nicht zu verwechseln mit dem Auflagendruck durch die Druckmaschine

Dickte
Die Breite des einzelnen Buchstabens, inklusive der Vor- und Nachbreiten, also der »Luft« zu den Nachbarn

Didot-Punkt
→Punkt
Europäische Schriftgrößenbezeichnung
46

Divis
Trennstrich am Ende einer Zeile. Formgleich verwendet als Bindestrich zwischen Kuppel-Wörtern. Nicht zu verwechseln mit dem (längeren) Gedankenstrich
41

Druck
Die Übertragung von Schrift- oder Bildelementen usw. auf einen Druckträger, z.B. Papier. Es gibt verschiedene Drucktechniken:
Buchdruck (Hochdruck),
Offsetdruck (Flachdruck),
Tiefdruck,
Siebdruck (Durchdruck)

dtp-point
→Punkt
Schriftgrößenbestimmung beim PC (Personal-Computer)-Satz
46

Duktus
Linienführung und charakteristische Formgebung von Schriften

Durchschuss, Zeilenabstand
Durchschuss:
Der Zwischenraum zwischen den Zeilen, gemessen von der Unterlänge der oberen bis zur Oberlänge der unteren Zeile

Benennung: z. B. 10 Punkt mit drei Punkt Durchschuss

Zeilenabstand (ZAB):
Der Abstand zwischen den Zeilen, gemessen vom Fuß der oberen zum Fuß der unteren Zeile

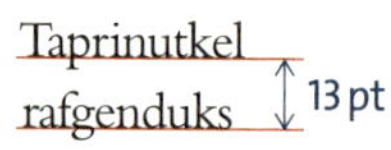

Benennung:
z. B. 10 Punkt, ZAB 13 Punkt, oder 10/13 Punkt

Durchschuss und ZAB sind demnach nur verschiedene Methoden, den Abstand zwischen den Zeilen zu benennen
38–39

Egyptienne
49 66

Englische Egyptienne
67

Fixation
35

Flattersatz
Satzart, bei der die Zeilenbreite unterschiedlich und der Wortabstand gleichbleibend ist

Fotosatz
Belichtung der Buchstaben durch ein Negativ

Fraktur
11 49 76

Gebrochene Schriften
76

Gemeine
Kleinbuchstaben, Minuskeln

Geradestehende Schrift
Synonyme: normal, regular, roman

Grauwert
Die hellere oder dunklere Gesamtwirkung einer Textfläche

Grotesk
49 60

Grundschrift
Die Schrift und Schriftgröße, die in einer Drucksache hauptsächlich verwendet wird

Gutenbergs Erfindung
Um ca. 1450 erfand Johannes Gutenberg den Satz mit beweglichen Typen, d. h. die Möglichkeit, aus wieder verwendbaren, in Metall gegossenen Einzelbuchstaben Zeilen und Seiten zusammenzustellen und im Hochdruck (Buchdruck) zu drucken. Das war der Beginn unseres »typografischen Zeitalters«

Haarstrich
Die »haarfeinen« Linien in den Buchstabenformen bestimmter Schriften

Grundstrich V Haarstrich

Humanistische Minuskel
→Minuskel
Ausgangspunkt der heutigen Antiqua, im 16. Jahrhundert von den Humanisten bevorzugte Schriftart – im Gegensatz zur Fraktur
21

Initial
Hervorgehobener, häufig geschmückter Anfangsbuchstabe

Italic
→Kursive
Englischer Begriff für Kursiv
42

Italienne
Variante der Egyptienne, bei der die Serifen fetter sind als die Grundstriche
49 66

ITALIENNE

Kalligraphie
Die Kunst, schön zu schreiben

Kapitälchen
Buchstaben in Form von Großbuchstaben, der Größe, Strichstärke und Funktion von Kleinbuchstaben.
Sie können mit und ohne →Versalien gesetzt werden

KAPITÄLCHEN
KAPITÄLCHEN

Klassizistische Antiqua
51 80

Kursive
Schräg gestellte Schrift, die zur jeweiligen geradestehenden Schrift passend gezeichnet ist, aber ursprünglich einer eigenen Formentwicklung entstammt
42

Laufweite
Genereller Buchstabenabstand einer Schrift, im Gegensatz zum individuellen Ausgleich zwischen Buchstabenpaaren

Lesen, Lesbarkeit
35

Ligatur
Doppel- oder Dreifachbuchstaben, die als eigene Form gestaltet sind, z. B. fl, fi, ffi

Majuskeln
Großbuchstaben, Versalien

Mediävalziffern
Ziffern mit Ober- und Unterlängen, im Gegensatz zu Versalziffern

1234567890 Mediävalziffern
1234567890 Versalziffern

Minuskeln
Kleinbuchstaben, Gemeine

Mengensatz, Fließtext
Schriftsatz von gleichmäßig fortlaufenden mehrzeiligen Texten (→Akzidenzsatz)

Mittellänge (x-Höhe), Ober- und Unterlänge
Die Maß-Einteilung der Kleinbuchstaben

xhp Oberlänge
Mittellänge, x-Höhe
Unterlänge

Monospace-Schriften
Schriften, bei denen entsprechend der Schreibmaschine alle Buchstaben die gleiche Breite haben

Multiple-Master-Font
Schriftprogramm, das dem Schriftanwender planmäßige Veränderungen der Schriftform ermöglicht
23

Oberlänge
→Mittellänge

Oblique
Bezeichnung für eine vom Schrifthersteller (und nicht durch »Verschiefung« durch den Setzer, s. S. 42) schräg gestellte Schrift, die den Formen der Geradestehenden entspricht
42

Outline
Konturenschrift

EVA

Pica-Point
→Punkt
Angloamerikanische Schriftgrößenbezeichnung
46

Punkt, typografischer Punkt
Typografisches Maßsystem. Es gibt verschiedene Punkt-Maße:
Didot: 1 Punkt = 0,37597 mm
dtp: 1 Punkt = 0,35277 mm
Pica: 1 Punkt = 0,35147 mm
46

Punzen
Die kleinen Binnenformen der Buchstaben

e a

Regular
Normale Schriftstärke
47

Renaissance-Antiqua
50–51 80

Saccade
35

Sans Serif
Schrift ohne →Serifen, Grotesk
60–61

Glossar

Schreibschriften
Satzschriften, die im Gegensatz zu →Kursiven dem Duktus von Handschriften folgen
72

Schrift-Bezeichnungen
(Die folgende Einteilung ist nicht in allen Einzelfällen »kanonisiert«,
sie ist mein Vorschlag zur Sprachregelung)

Schriftenkreis
z. B. Indischer Schriftenkreis, Lateinischer Schriftenkreis

Schrift-Gattung
z. B. Antiqua-Schriften (zu denen hier auch die Grotesk-Schriften gehören), Gebrochene Schriften

Schriftart
z. B. Antiqua, Grotesk, Egyptienne

Schriftgruppe
z. B. dynamische Antiqua, statische Grotesk

Schrift
z. B. Times, Helvetica

Schriftfamilie
zusammengehörige Schriften, z. B. Garamond geradestehend/kursiv/Kapitälchen/halbfett
22

Schrift-Sippe
stilistisch zusammengehörige Schriftarten und Schriftfamilien,
z. B. Corporate A (Antiqua), Corporate S (Sans, Grotesk), Corporate E (Egyptienne)
23

Schriftschnitt
Ausformung einer Schrift (früher mit dem Stichel »geschnitten«);
unterschiedliche Ausformung einer Ausgangsschrift durch verschiedene Schrift-Hersteller,
z. B. Adobe-Garamond, Berthold-Garamond, ITC Garamond, Stempel-Garamond

Schriftgrad, Schriftgröße
Größe eines Schriftbildes, bezeichnet nach Punkten oder nach Versalhöhe in Millimeter
35 46

Schriftmischung
Die gemeinsame Verwendung verschiedener Schriften in einer Drucksache
90

Schwellzug
Ursprünglich mit der Spitzfeder erzeugte Linie, die sich kontinuierlich vom feinen zum fetten Strich entwickelt
14

Serifen
»Füßchen« von Antiqua- und Egyptienne-Schriften

Serifenlose Linear-Antiqua
Grotesk
61 81

Sperren
Erweiterung des Buchstabenabstandes

Spitzfederduktus
Durch das Schreiben mit der Spitzfeder ermöglichte extreme Dick-Dünn-Unterschiede

Textur
Gotische Schrift
76

Unterlänge
→Mittellänge

Versalien
Großbuchstaben, Majuskeln

Versalbreite, Versalhöhe
Breite der Großbuchstaben, Höhe der Großbuchstaben
25

Versalziffern
→Mediävalziffern
Ziffern in der Höhe von Großbuchstaben

x-Höhe
→Mittellänge

Zeilenabstand
→Durchschuss

Zeilenführung
Fähigkeit einer Schrift, das lesende Auge in der Zeile zu halten und das Abgleiten in die obere oder untere Zeile zu vermeiden

Literaturempfehlungen

Wenn Sie nun Geschmack an Möglichkeiten der Gestaltung mit Schrift gefunden haben, kommen hier noch viele weitere Empfehlungen. Den ausführlichsten Überblick auch über viele Randgebiete bietet unsere Einführung und Literaturempfehlung in Buchform.

Read and Play
von Ulysses Voelker
Theoretisch ersetzt dieses Typografie-Curriculum das Grafikdesign-Studium. Praktisch ist es die ideale Studienbegleitung oder -fortsetzung: Man lernt nie aus. In knappen, profunden und kondensierten Texten führt Ulysses Voelker in das Beziehungsgeflecht zwischen Typografie, Kommunikation und Gesellschaft ein.

20,- Euro
ISBN 978-3-87439-868-8

Typografie allgemein

Der erste Eindruck zählt
Das Handwerk der Typografie verstehen und anwenden
von Sabrina Öttl
Typografie ist die Umwandlung von Sprache in Schrift. Typografie gibt Sprache damit eine Form. Und diese Form interpretiert Texte. Egal, ob Sie das wollen oder nicht. Egal, ob Sie es bewusst tun oder nicht. Sie können im Auswählen und Anwenden von Schrift nicht nicht gestalten. Besser Sie kennen die Grundlagen des Handwerks der Typografie.

20,- Euro
ISBN 978-3-87439-908-1

Schrift wirkt!
Einfache Tipps für den täglichen Umgang mit Schrift
von Gesine Hildebrandt und Jim Williams
Typografie zieht Texte an, sie ist die Stimme des geschriebenen Wortes. Sie entscheidet, wie der Text – unbewusst und unabhängig vom Inhalt – wahrgenommen wird: staubig oder frisch, seriös oder reißerisch, vertrauenerweckend und fundiert oder spontan bis subversiv. Deshalb gehört Basiswissen zu Type und Typo heute zur Allgemeinbildung.

19,80 Euro
ISBN 978-3-87439-836-7

Buchstaben im Kopf
Was Kreative über das Lesen wissen sollten, um Leselust zu gestalten
Von Antonia M. Cornelius
Wenn Sie den Vorgang des Lesens aus der Lese- und Lesbarkeitsforschung kennen und dieses Wissen in Ihrer gestalterischen Tätigkeit berücksichtigen, wird der von Ihnen in Szene gesetzte Text beim Leser besser ankommen. Dass Sie darüber hinaus die Bausteine Ihres Kreativ-Baukastens souverän nutzen, macht Ihre Gestaltung zum ästhetischen Genuss.

35,- Euro
ISBN 978-3-87439-895-4

Mr. Typo & der Schatz der Gestaltung
Eine Typo-Graphic Novel
von Alessio Leonardi
Die erste Typographic Novel der Welt – ein Typo-Comic als Einsteigerkurs. Solide Fakten heiter vermittelt. Lachend lernt man lieber!

20,- Euro
ISBN 978-3-87439-858-9

Detailtypografie
Nachschlagewerk für alle Fragen zu Schrift und Satz
von Ralf de Jong und Friedrich Forssman, 5. Auflage
400 Seiten geballtes Typografie-Know-how bilden das solide Fundament für Ihre Kreativität. Lassen Sie Ihre Ideen sprudeln, Friedrich Forssman und Ralf de Jong kümmern sich um die Details.

98,- Euro
ISBN 978-3-87439-642-4

Lesetypografie
von Friedrich Forssman und Hans Peter Willberg, 5. Auflage
Typografie ist keine Kunst. Typografie ist keine Wissenschaft. Typografie ist Handwerk. Und Typografie ist für den Leser da, nicht für den Gestalter. Das sind die Prämissen, auf die dieses Standardwerk der Buchgestaltung baut. Ein solides Fundament, für den eigenen gestalterischen Weg.

39,80 Euro
ISBN 978-3-87439-800-8

Schriftentwurf und Schriftauswahl

Making Fonts!
Der Einstieg ins professionelle Type-Design
von Chris Campe und Ulrike Rausch
Making Fonts! ebnet Ihnen den Weg ins professionelle Type-Design. Anschaulich, fundiert und mit ansteckender Freude führen Chris Campe und Ulrike Rausch Sie von der Buchstabenskizze zur eigenen Schrift.

35,- Euro
ISBN 978-3-87439-909-8

Color and Type
Mehrfarbige Multi-Layer-Schriften entwerfen und anwenden
von Mark van Wageningen
Multicolored-Multi-Layer-Fonts – nie gehört? Seit einigen Jahren mischen mutige Schriftgestalter die »schwarze Kunst« mit mehrfarbigen Multi-Layer-Schriften auf. Multicolored Fonts bedienen sich einer Erweiterung des OpenType Formates und bringen Farbe ins Lesen.

25,- Euro
ISBN 978-3-87439-921-0

Anatomie der Buchstaben
Basiswissen für Schriftgestalter
von Karen Cheng, 2. Auflage
Schriften entwerfen ist einfach und angesagt. Bei Schriften für den Mengensatz kommt eine neue typografische Disziplin ins Spiel, die Nanotypografie!

68,- Euro
ISBN 978-3-87439-689-9

niße
400 Eszett-Schnitte
von Maximilian Borchert und Hannah Häußer
Eine Hommage an unser nur in Deutschland und Österreiche existierendes Sonderzeichen, das uns als Vorwand dient, ein Schriftmusterbuch von 400 hervorragenden Google Fonts zu präsentieren.

25,- Euro
ISBN 978-3-87439-904-3

TypeSelect
Der Textschriften-Fächer
von Michael Wörgötter
Der Qual der Schriftwahl setzen wir TypeSelect entgegen, den Textschriften-Fächer, der Ihnen Überblick und Detail-Vergleich ermöglicht. Auf Papier, weil die Auswahl von Schrift für Printprojekte sinnvollerweise nicht nach der Wirkung am Bildschirm erfolgt, sondern auf dem tatsächlichen Wiedergabemedium.

49,80 Euro
EAN 42 6017281 050 0

6. Auflage 2021

verlag hermann schmidt
Gonsenheimer Straße 56
55126 Mainz
Tel. 0 61 31 / 50 60 0
Fax 0 61 31 / 50 60 80
info@verlag-hermann-schmidt.de
www.verlag-hermann-schmidt.de
facebook: Verlag Hermann Schmidt
twitter: VerlagHSchmidt

ISBN 978-3-87439-889-3
Printed in Germany with Love.

Konzeption der Gestaltung
Hans Peter Willberg
Typografische Realisierung und Illustrationen
Ursula Steinhoff, Berlin
Satz
Mila Albrecht, Wibke Bramesfeld, Pia Friese und Theresa Peter
Reproduktionen
Rolf Kopmeier, Eppstein
Grundschriften
TheSans, TheAntiqua und TheMix von Lucas de Groot
Papier
130 g/m², 1,2 Vol., Fly 05
Gesamtherstellung
Beltz, Bad Langensalza

Wir übernehmen Verantwortung. Nicht nur für Inhalt und Gestaltung, sondern auch für die Herstellung. Das Papier für dieses Buch stammt aus sozial, wirtschaftlich und ökologisch nachhaltig bewirtschafteten Wäldern und entspricht deshalb den Standards der Kategorie »FSC Mix«.

»Die Zukunft sollte man nicht vorhersehen wollen,
sondern möglich machen.«
Antoine de Saint-Exupéry

Bücher haben feste Preise! In Deutschland hat der Gesetzgeber zum Schutz der kulturellen Vielfalt und eines flächendeckenden Buchhandelsangebotes ein Gesetz zur Buchpreisbindung erlassen. Damit haben Sie die Garantie, dass Sie dieses und andere Bücher überall zum selben Preis bekommen: Bei Ihrem engagierten Buchhändler vor Ort, im Internet, beim Verlag. Sie haben die Wahl. Und die Sicherheit. Und ein Buchhandelsangebot, um das uns viele Länder beneiden.